建筑施工特种作业人员安全技术考核培训教材

特种作业安全生产基本知识

住房和城乡建设部工程质量安全监管司　组织编写

中国建筑工业出版社

图书在版编目（CIP）数据

特种作业安全生产基本知识/住房和城乡建设部工程质量安全监管司组织编写. —北京：中国建筑工业出版社，2009

建筑施工特种作业人员安全技术考核培训教材

ISBN 978-7-112-11113-8

Ⅰ. 特… Ⅱ. 住… Ⅲ. 建筑工程-安全生产-技术培训-教材 Ⅳ. TU714

中国版本图书馆 CIP 数据核字（2009）第 113699 号

建筑施工特种作业人员安全技术考核培训教材
特种作业安全生产基本知识
住房和城乡建设部工程质量安全监管司　组织编写

*

中国建筑工业出版社出版、发行（北京西郊百万庄）
各地新华书店、建筑书店经销
北京红光制版公司制版
世界知识印刷厂印刷

*

开本：850×1168 毫米　1/32　印张：5¾　字数：162 千字
2009 年 12 月第一版　2010 年 12 月第四次印刷
定价：**16.00** 元
ISBN 978-7-112-11113-8
（18341）

版权所有　翻印必究
如有印装质量问题，可寄本社退换
（邮政编码 100037）

本书为建筑施工特种作业人员培训教材之一。全书对建筑施工特种作业人员必须掌握的安全生产基础知识进行了详细阐述，共 11 章，内容包括：建筑施工安全概论、建筑安全生产法规知识与作业人员权利义务、建筑施工特种作业安全生产管理制度、个人安全防护用品使用、高处作业安全知识、施工现场消防知识、施工现场安全用电知识、季节性施工安全生产知识、施工现场安全标志、施工现场急救知识、建筑施工安全事故知识。书中最后还附有建筑施工特种作业人员管理规定和考核工作实施意见等相关文件。全书内容全面、系统，文字简练，图文并茂。

本书可作为建筑施工特种作业人员培训用书，也可供安全员、安全监理人员及其他安全管理人员学习参考。

* * *

责任编辑：刘　江　范业庶
责任设计：张政纲
责任校对：兰曼利　孟　楠

《建筑施工特种作业人员安全技术考核培训教材》编写委员会

主　任：吴慧娟

副主任：王树平

编写组成员：（以姓氏笔画排名）

王　乔	王　岷	王　宪	王天祥	王曰浩
王英姿	王钟玉	王维佳	邓　谦	邓丽华
白森懋	包世洪	邢桂侠	朱万康	刘　锦
庄幼敏	汤坤林	孙文力	孙锦强	毕承明
毕监航	严　训	李　印	李光晨	李建国
李绘新	杨　勇	杨友根	吴玉峰	吴成华
邱志青	余大伟	邹积军	汪洪星	宋回波
张英明	张嘉洁	陈兆铭	邵长利	周克家
胡其勇	施仁华	施雯钰	姜玉东	贾国瑜
高　明	高士兴	高新武	唐涵义	崔　林
崔玲玉	程　舒	程史扬		

前　　言

建筑施工特种作业人员是指在房屋建筑和市政工程施工活动中，从事可能对本人、他人及周围设备设施的安全造成重大危害作业的人员。《建设工程安全生产管理条例》第二十五条规定："垂直运输机械作业人员、安装拆卸工、爆破作业人员、起重信号工、登高架设作业人员等特种作业人员，必须按照国家有关规定经过专门的安全作业培训，并取得特种作业操作资格证书后，方可上岗作业"，《安全生产许可证条例》第六条规定："特种作业人员经有关业务主管部门考核合格，取得特种作业操作资格证书"。

当前，建筑施工特种作业人员的培训考核工作还缺乏一套具有权威性、针对性和实用性的教材。为此，根据住房城乡建设部颁布的《建筑施工特种作业人员管理规定》和《建筑施工特种作业人员安全技术考核大纲（试行）》、《建筑施工特种作业人员安全操作技能考核标准（试行）》的有关要求，我们组织编写了《建筑施工特种作业人员安全技术考核培训教材》系列丛书，旨在进一步规范建筑施工特种作业人员安全技术培训考核工作，帮助广大建筑施工特种作业人员更好地理解和掌握建筑安全技术理论和实际操作安全技能，全面提高建筑施工特种作业人员的知识水平和实际操作能力。

本套丛书共12册，适用于建筑电工、建筑架子工、建筑起重司索信号工、建筑起重机械司机、建筑起重机械安装拆卸工和高处作业吊篮安装拆卸工等建筑施工特种作业人员安全技术考核培训。本套丛书针对建筑施工特种作业人员的特点，本着科学、实用、适用的原则，内容深入浅出，语言通俗易懂，形式图文并茂，可操作性强。

本教材的编写得到了山东省建筑工程管理局、上海市城乡建设和交通委员会、山东省建筑施工安全监督站、青岛市建筑施工安全监督站、潍坊市建筑工程管理局、滨州市建筑工程管理局、济南市工程质量与安全生产监督站、山东省建筑安全与设备管理协会、上海市建设安全协会、山东建筑科学研究院、上海市建工设计研究院有限公司、上海市建设机械检测中心、威海建设集团股份有限公司、上海市建工（集团）总公司、上海市机施教育培训中心、潍坊昌大建设集团有限公司、山东天元建设集团有限公司等单位的大力支持，在此表示感谢。

由于编写时间较为紧张，难免存在错误和不足之处，希望给予批评指正。

住房和城乡建设部工程质量安全监管司
二〇〇九年十一月

目 录

1 建筑施工安全概论 ·· 1
　1.1 安全生产知识概述 ··· 1
　　1.1.1 安全生产术语 ··· 1
　　1.1.2 安全与生产的关系 ····································· 2
　　1.1.3 安全生产方针 ··· 3
　　1.1.4 安全生产的工作原则 ··································· 4
　　1.1.5 安全生产的要素 ······································· 5
　1.2 建筑安全生产的特点 ······································· 6
　　1.2.1 建筑施工的特点 ······································· 6
　　1.2.2 建筑施工对安全生产的影响 ····························· 6
　1.3 建筑施工特种作业 ··· 8
　　1.3.1 建筑施工特种作业的概念 ······························· 8
　　1.3.2 建筑施工特种作业人员条件 ····························· 9
　　1.3.3 建筑施工特种作业范围 ································· 9

2 建筑安全生产法规知识与作业人员权利义务 ······················ 13
　2.1 建筑安全生产法律法规体系 ································· 13
　　2.1.1 宪法 ··· 14
　　2.1.2 法律 ··· 14
　　2.1.3 行政法规 ··· 14
　　2.1.4 地方性法规 ··· 15
　　2.1.5 规章 ··· 15
　　2.1.6 技术标准 ··· 16

2.2 建筑安全生产主要法律法规和规章制度 …………… 18
 2.2.1 建筑安全生产主要法律 ………………………… 18
 2.2.2 建筑安全生产主要法规 ………………………… 20
 2.2.3 建筑安全生产主要部门规章和规范性文件 …… 21
2.3 从业人员的权利义务和法律责任 ……………………… 22
 2.3.1 从业人员的权利 ………………………………… 22
 2.3.2 从业人员的义务 ………………………………… 25
 2.3.3 从业人员的法律责任 …………………………… 26

3 建筑施工特种作业安全生产管理制度 ………………… 29
3.1 建筑施工特种作业人员管理制度 ……………………… 29
 3.1.1 特种作业人员培训制度 ………………………… 29
 3.1.2 特种作业人员考核制度 ………………………… 30
 3.1.3 特种作业人员从业制度 ………………………… 31
 3.1.4 特种作业操作资格证书管理制度 ……………… 31
3.2 安全生产管理制度 ……………………………………… 33
 3.2.1 安全生产责任制度 ……………………………… 33
 3.2.2 安全生产教育培训制度 ………………………… 34
 3.2.3 班前活动制度 …………………………………… 37
 3.2.4 安全专项施工方案编制和审批制度 …………… 37
 3.2.5 安全技术交底制度 ……………………………… 42

4 个人安全防护用品使用 …………………………………… 43
4.1 安全防护用品管理 ……………………………………… 43
 4.1.1 安全防护用品种类 ……………………………… 43
 4.1.2 安全防护用品配置 ……………………………… 44
 4.1.3 安全防护用品管理制度 ………………………… 45
4.2 常用的个人安全防护用品 ……………………………… 46

    4.2.1 安全帽 …………………………………………… 46
    4.2.2 安全带 …………………………………………… 47
    4.2.3 安全防护鞋 ……………………………………… 49
    4.2.4 防护眼镜 ………………………………………… 49
    4.2.5 防护手套 ………………………………………… 50
    4.2.6 防尘口罩 ………………………………………… 51

5 高处作业安全知识 ………………………………………… 53
  5.1 高处作业知识概述 …………………………………… 53
    5.1.1 高处作业 ………………………………………… 53
    5.1.2 高处作业分级 …………………………………… 54
    5.1.3 坠落半径 ………………………………………… 54
    5.1.4 高处作业分类 …………………………………… 55
    5.1.5 引起高处坠落的因素 …………………………… 55
  5.2 建筑施工高处作业的安全措施 ……………………… 56
    5.2.1 高处作业技术措施 ……………………………… 56
    5.2.2 高处作业的管理措施 …………………………… 57
    5.2.3 防护设施验收检查 ……………………………… 57
  5.3 建筑施工高处作业 …………………………………… 58
    5.3.1 临边作业 ………………………………………… 58
    5.3.2 洞口作业 ………………………………………… 59
    5.3.3 攀登作业 ………………………………………… 60
    5.3.4 悬空作业 ………………………………………… 62
    5.3.5 操作平台 ………………………………………… 63
    5.3.6 交叉作业 ………………………………………… 65

6 施工现场消防知识 ………………………………………… 66
  6.1 消防知识概述 ………………………………………… 66

- 6.1.1 消防工作方针 ··· 66
- 6.1.2 起火条件 ·· 67
- 6.1.3 动火区域 ·· 67
- 6.1.4 火灾等级 ·· 68
- 6.1.5 火灾险情处置 ··· 69
- 6.2 施工现场消防器材配置和使用 ····························· 70
  - 6.2.1 消防器材分类 ·· 70
  - 6.2.2 消防器具使用 ·· 72
  - 6.2.3 施工现场灭火器配备 ··································· 73
- 6.3 施工现场的消防措施 ·· 73
  - 6.3.1 消防组织管理措施 ······································· 73
  - 6.3.2 平面布置消防要求 ······································· 74
  - 6.3.3 焊割作业防火安全要求 ································· 75
  - 6.3.4 木工作业防火安全要求 ································· 76
  - 6.3.5 电工作业防火安全要求 ································· 76
  - 6.3.6 油漆作业防火安全要求 ································· 76
  - 6.3.7 防腐作业防火安全要求 ································· 77
  - 6.3.8 高层建筑施工防火安全要求 ···························· 77
  - 6.3.9 地下工程施工防火安全要求 ···························· 78
  - 6.3.10 施工现场生活区消防管理 ···························· 79
  - 6.3.11 易燃易爆物品防火要求 ······························· 79

7 施工现场安全用电知识 ·· 81
- 7.1 施工现场临时用电系统 ······································ 81
  - 7.1.1 施工现场用电特点 ······································· 81
  - 7.1.2 施工现场临时用电系统的特点 ························· 82
- 7.2 施工现场的用电设备 ·· 82
  - 7.2.1 电动机械 ··· 82

7.2.2 电动工具	83
7.2.3 照明器	83
7.3 安全用电知识	84
7.3.1 用电安全管理	84
7.3.2 外电线路和配电线路	84
7.3.3 配电箱及开关箱	86
7.3.4 电动建筑机械与手持式电动工具	88
7.3.5 施工现场照明	89

8 季节性施工安全知识 ······ 91
8.1 雨期施工 ······ 91
8.1.1 雨期施工气象知识 ······ 91
8.1.2 雨期施工准备工作 ······ 94
8.1.3 雨期施工安全事项 ······ 94
8.1.4 雨期施工用电安全 ······ 95
8.1.5 雨期施工防雷 ······ 96
8.1.6 雨期施工临时设施使用 ······ 96
8.1.7 夏季施工卫生保健 ······ 97
8.2 冬期施工 ······ 98
8.2.1 冬期施工概念 ······ 98
8.2.2 冬期施工安全措施准备 ······ 99
8.2.3 地基基础工程冬期施工安全事项 ······ 99
8.2.4 砌体工程冬期施工安全事项 ······ 100
8.2.5 钢筋混凝土工程冬期施工安全事项 ······ 100
8.2.6 冬期施工起重机械设备安全使用 ······ 101
8.2.7 锅炉火炉使用安全事项 ······ 102

9 施工现场安全标志 ······ 104

9.1 安全标志 ·································· 104
9.1.1 安全标志含义 ························ 104
9.1.2 安全标志使用范围 ···················· 104
9.1.3 安全标志分类 ························ 105
9.2 安全色 ··································· 107
9.2.1 安全色及其分类 ······················ 107
9.2.2 对比色 ······························ 108
9.3 施工现场安全标志设置 ···················· 109
9.3.1 安全标志设置方式 ···················· 109
9.3.2 安全标志设置部位 ···················· 110
9.3.3 施工现场常用安全标志 ················ 111

10 施工现场急救知识 ··························· 112
10.1 应急救护要点 ···························· 112
10.1.1 现场救护程序 ······················· 112
10.1.2 申请急救服务 ······················· 114
10.2 施工现场主要事故及急救常识 ············· 114
10.2.1 触电急救知识 ······················· 114
10.2.2 创伤救护知识 ······················· 116
10.2.3 火灾逃生知识 ······················· 121
10.2.4 中暑防救治知识 ····················· 122
10.2.5 急性中毒救护知识 ··················· 123
10.2.6 传染病应急救援措施 ················· 124

11 建筑施工安全事故知识 ······················· 125
11.1 事故及其分类 ···························· 125
11.1.1 生产安全事故分类 ··················· 125
11.1.2 生产安全事故分级 ··················· 128

11.1.3 建筑业多发事故类别 ································ 128
11.2 事故报告 ··· 129
　　11.2.1 事故报告时限 ···································· 129
　　11.2.2 事故报告内容 ···································· 130
　　11.2.3 事故现场应急处理 ································ 131
11.3 事故调查处理 ··· 131
　　11.3.1 事故调查 ·· 131
　　11.3.2 事故原因分析 ···································· 132
　　11.3.3 事故处理 ·· 133
11.4 事故报告调查处理法律责任 ····························· 134

附录一 建筑施工特种作业人员管理规定 ······················· 135
附录二 关于建筑施工特种作业人员考核工作的
　　　　实施意见 ··· 145
附录三 施工现场常用安全标志 ······························· 151

1 建筑施工安全概论

建筑业属于危险性较大的行业。据统计,建筑业生产事故发生的频率和死亡人数列在交通、煤炭等产业之后,排在第三位。近几年,全国建筑施工死亡人数每年都在一千人左右。加强建筑施工安全生产管理,是实现产业健康发展的重要课题,历来是国内外建筑施工管理的重点。同时,建筑安全事故多数与特种作业有关,尤其是起重机械拆装、施焊切割等施工作业中,极易发生倾覆、坠落、坍塌、触电和火灾等生产安全事故,因此,建筑施工特种作业管理是建筑施工管理的重要内容之一。

1.1 安全生产知识概述

安全生产是人类社会活动的最基本需求,不仅关系到人的生命财产安全、家庭的幸福安康,也关系到产业的健康发展乃至社会的和谐稳定。

1.1.1 安全生产术语

(1) 危险

危险是指系统中存在对人、财产或环境具有造成伤害的潜能,是系统呈现出的一种状态。这种状态具有导致人员伤害、职业病、财产损失、作业环境破坏、生产活动中断的趋势。

危险的程度或严重性,用危害发生的概率、频率或者伤害、损失的程度和大小衡量。

(2) 安全

安全是指系统中免除了危险的状态,是系统呈现的另一种状态,也就是没有危险、不受威胁、不出事故,因此,安全是与危险、威胁、事故等状态和结果相对应的。

(3) 事故

事故是指造成死亡、伤害、疾病、损坏或者其他损失的意外事件,是发生在人们的生产、生活活动中,突然发生的、违反人们意志的负面事件。

(4) 事故隐患

事故隐患泛指生产系统中存在的导致事故发生的人的不安全行为、物的不安全状态以及管理上的缺陷。

1.1.2 安全与生产的关系

(1) 安全生产的内涵

所谓的安全生产,是指为了防止在生产过程中发生人身伤亡、财产损失等事故,而采取的消除或控制危险和有害因素,保障人身安全和健康、设备和设施免遭损坏、环境免遭破坏的一系列措施和活动,既包括对劳动者的保护,也包括对生产、财物、环境的保护,目的是保障生产活动正常进行。

从安全生产的内涵看,安全生产属于由社会科学和自然科学两个科学范畴相互渗透、相互交织构成的保护人和财产的政策性和技术性的综合学科。其中,社会科学部分研究立法、监察、组织、管理;自然科学部分研究防止事故发生,包括改善劳动条件、防止自然危害所必需的基础科学和应用科学。

(2) 安全与生产的辩证关系

从安全生产的概念来看,安全生产无处不在;自人类社会存在以来,安全就伴随着生产而存在。安全生产是安全与生产的对立统一,是与文化、政治、经济和科技水平密切相关的,无限夸大安全生产与盲目忽视安全生产都是错误的。安全生产的宗旨是生产必须安全,安全促进生产。

(3) 安全生产的意义

1) 安全生产关系到人民群众生命和财产安全。生命安全是人民群众根本利益所在,各级人民政府及其有关部门和企事业单位,都必须以对人民群众高度负责的精神,始终坚持"以人为本"的思想,把安全生产作为各项工作中的首要任务来抓。

2) 安全生产关系到社会稳定的大局。如果一个地区、部门或单位的负责人只重视生产,重视经济工作,轻视安全工作,把安全生产和经济发展对立起来,必然造成安全事故频频发生,势必影响本单位、本部门、本地区,甚至整个社会的稳定。

3) 安全生产直接关系到经济的健康发展。安全生产是经济健康有序发展的前提和保障,没有安全做基础,生产经营活动就无法正常进行,也会不同程度地影响经济的发展。

1.1.3 安全生产方针

我国的安全生产工作方针是"安全第一、预防为主、综合治理"。

2002年在国家颁布的《安全生产法》中第一次以法律形式将"安全第一、预防为主"确定为我国的安全生产工作方针,俗称为"安全生产八字方针"。2005年在中央印发的《中共中央关于制定国民经济和社会发展第十一个五年规划的建议》中,又将我国安全生产工作方针补充为"安全第一、预防为主、综合治理",俗称为"安全生产十二字方针"。安全生产工作方针有如下

含义:

(1) 坚持安全第一,必须以预防为主,实施综合治理;只有有效防范事故,综合治理隐患,才能把"安全第一"落到实处;

(2) "安全第一"是从保护和发展生产力的角度,表明在生产范围内安全与生产的关系;当安全与生产发生矛盾的时候,生产应该服从安全;

(3) "预防为主"是指在生产活动中,对生产要素采取管理、技术等措施,有效地控制不安全因素的发展与扩大,把可能发生的事故消灭在萌芽状态,以保证生产活动正常进行;

(4) 安全生产是个系统工程,涉及社会的各个方面,只有构建"政府统一领导、部门依法监管、企业全面负责、群众参与监督、全社会广泛支持"的安全生产工作格局,采取综合措施才能达到安全生产的目的。

1.1.4 安全生产的工作原则

根据安全生产的工作方针,安全生产工作应当坚持以下原则:

(1) "一票否决"原则。生产必须安全,不得从事没有安全保障的生产。

(2) "两管五同时"原则。安全与生产是一个有机的整体,"管生产必须管安全";在计划、布置、检查、总结、评比生产工作的时候,同时计划、布置、检查、总结、评比安全工作。

(3) "三同时"原则。生产经营单位新建、改建、扩建工程项目的安全设施,必须与主体工程同时设计、同时施工、同时投入生产和使用。

(4) "四不放过"原则。即生产安全事故的调查处理必须坚持"事故原因没有查清不放过;事故责任者没有严肃处理不放过;广大群众没有受到教育不放过;防范措施没有落实不放过"的原则。

1.1.5 安全生产的要素

(1) 安全文化。也即安全意识,是安全生产工作的永恒主题。安全生产工作要紧紧围绕"以人为本"这个中心,采取各种形式开展宣传教育,强化职工安全意识,提高从业人员安全素质,增强职工的自我保护意识和能力,做到不伤害自己、不伤害别人、不被别人所伤害。

(2) 安全法制。用法律法规来规范企业和员工的安全行为,包括国家的立法、监督、执法,企业的建章立制、检查考核、经济奖罚、职位升级等。

(3) 安全责任。建立安全生产责任制,明确企业、部门、政府的安全生产责任,建立一套行之有效的考核、奖罚制度。

在企业层面,安全生产责任制是企业岗位责任制的一个组成部分,是企业中最基本的一项安全制度,也是企业安全生产、劳动保护制度的核心。对企业,应当建立以法定代表人为第一责任人的安全生产责任制;对工程项目,应当建立以项目负责人为第一责任人的安全生产责任制。层层分解安全生产目标,明确部门、班组、岗位的安全生产职责,完善考核机制,奖罚分明,促进安全生产工作的落实。

(4) 安全投入。安全投入是安全生产的基本保障,它包括人力、财力和物力的投入。安全生产最大的问题之一,是安全生产投入不足。

(5) 安全科技。运用先进的科技手段提高安全生产监控和防护水平。如施工现场安装的远程视频监控系统、消防烟雾探测自动喷淋系统、计算机网络管理系统等。

1.2 建筑安全生产的特点

工程建设的目的是为人们的社会、经济、政治和文化活动提供理想的场所,是人们最基本的社会活动之一。建筑施工是工程建设实施阶段的各类生产活动的总和,在现代社会,也可以说是把设计图纸描绘的建筑物、构筑物等,在指定的地点、空间,变成实物的过程。它包括基础工程施工、主体结构施工、屋面工程施工、设备安装、装饰工程施工等。施工作业的场所称为施工现场,也叫工地。从事建筑施工活动的行业统称为建筑业。

1.2.1 建筑施工的特点

建筑施工生产活动的最终物质成果是建筑产品。建筑产品不同于其他产品,与其他产品生产过程存在诸多不同。

(1) 固定性。建筑产品固定在一个地方制造,位置不能移动,绝大多数施工活动都在这个地点完成。

(2) 庞大性。建筑产品与其他产品相比体形庞大。

(3) 多样性。建筑产品的使用功能、外观形状各异,即使同一类的工程,也是千差万别的。

(4) 总体性。建筑工程是由多个功能部分共同组成的,每个功能部分又是由许多建筑材料、半成品、成品加工、装配组合而成。

这些特点还决定了建筑施工活动具有生产流动性大、露天交叉作业多、手工操作多和劳动强度大等特点。

1.2.2 建筑施工对安全生产的影响

建筑产品的特点必然带来了施工生产的流动性、一次性、长期性、多变性等,这些特性又必然带来了安全生产的复杂性。

(1) 施工生产的流动性。产品的固定性,必然带来生产的流动性,劳动者不但在建筑物各个部位移动工作,而且在不同的施工现场流动,作业环境在不断变化。在不熟悉的环境中作业,容易发生安全事故。

(2) 施工生产的一次性。由于建筑产品多样性,决定了施工生产具有一次性和单件性。这使施工生产很少能像其他产品按同一模式进行完全重复性的作业,不能完全照搬过去的经验,使施工过程、工作环境呈多变状态。

(3) 施工生产周期长。由于建筑产品具有总体性,因此建筑产品总体完成后,体积庞大,结构复杂,有的高达几百米,有的长达几千米。要完成一个建筑产品所需要的时间,少则几周,多则几年甚至几十年,长期地、大量地投入人力、物力、财力,必然要经历较多的变量。这也使施工过程、工作环境呈多变状态。

(4) 施工生产具有连续性。施工生产一旦开始,就要连续进行,轻易不中断。各阶段、各环节、各工种必须衔接协调,多工种、多工艺、多个作业面、多个高程交叉作业现象较普遍。在一个有限的场地、空间上集中了大量的人员、材料、机具、设备等进行作业,存在大量的噪声、热量和粉尘等有害介质,作业环境极其复杂,形成多个危险点,不安全因素较多。

(5) 露天作业、高处作业多。建筑施工70%以上为露天作业,90%以上为高处作业,导致施工现场不安全因素多。例如,露天作业受天气、温度等环境影响大,高温和严寒使得工人体力和注意力下降,雨雪天气还会导致工作面湿滑;高处作业容易导致高处坠落事故发生等。

(6) 体力劳动多。尽管建筑行业已发展了几千年,但大多数工序至今仍然是手工操作,繁重的体力劳动较多。大量的人员在狭小的作业面施工,往往相互产生不利于安全的影响;单调的手工劳动和繁重的体力劳动容易使人疲劳、分散注意力、错误操作,从而导致事故发生。

(7) 劳动者素质较低。由于建筑产品技术含量较低,对劳动者的要求不高,因此建筑业相对于其他行业,劳动者的综合素质偏低。同时,由于教育培训不到位,造成作业人员安全意识差、安全作业知识缺乏,违章作业的现象时有发生。

1.3 建筑施工特种作业

1.3.1 建筑施工特种作业的概念

(1) 特种作业

特种作业是指生产过程中容易发生人员伤亡事故,对操作者本人、他人及周围设施的安全有重大危害的作业。

根据国家有关规定,特种作业主要包括电工作业、金属焊接切割作业、起重机械作业、企业内机动车辆驾驶、登高架设作业、锅炉作业、压力容器操作、制冷作业、爆破作业、矿山通风作业、矿山排水作业以及由省、自治区、直辖市有关部门提出,并经国务院有关部门批准的其他作业。

(2) 建筑施工特种作业

所谓建筑施工特种作业,是指在建筑施工活动中,对操作者本人、他人及周围设备设施的安全可能造成重大危害的作业。

建设主管部门管理的建筑施工特种作业主要包括:

1) 建筑电工作业;

2) 建筑架子工作业;

3) 建筑起重司索信号作业;

4) 建筑起重机械司机作业;

5）建筑起重机械安装拆卸作业；

6）高处作业吊篮安装拆卸作业；

7）经省级以上建设主管部门认定的其他特种作业。

建筑施工现场虽然有厂内机动车辆驾驶和爆破等特种作业，但目前暂未纳入建设主管部门管理。

（3）建筑施工特种作业人员

在生产过程中直接从事特种作业的人员统称为特种作业人员。所谓建筑施工特种作业人员，是指在建筑施工现场从事建筑施工特种作业的人员。目前，建设主管部门主要对在房屋建筑和市政工程施工现场从事建筑施工特种作业的人员进行管理。

1.3.2 建筑施工特种作业人员条件

从事建筑施工特种作业人员应当具备下列基本条件：

（1）年满18周岁且符合相关工种规定的年龄要求；

（2）工作认真负责、身体健康，无妨碍从事本特种作业工种的疾病和生理缺陷；

（3）初中及以上学历，具有本特种作业工种所需要的文化程度和安全、技术知识及实践经验；

（4）接受专门安全操作知识培训，经建设主管部门考核合格，取得《建筑施工特种作业操作资格证书》。操作资格证书样式见图1-1。

首次取得《建筑施工特种作业操作资格证书》的人员实习操作不得少于三个月，否则，不得独立上岗作业。

1.3.3 建筑施工特种作业范围

为了规范各工种的岗位责任，住房和城乡建设部将规定的6

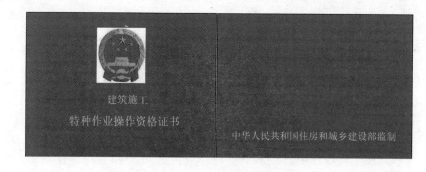

图 1-1 特种作业人员操作资格证书样式
(a) 封皮正面；(b) 封皮背面；(c) 正本；(d) 副本

个建筑施工特种作业划分为建筑电工、建筑架子工（普通脚手架）、建筑架子工（附着升降脚手架）、建筑起重司索信号工、建筑起重机械司机（塔式起重机）、建筑起重机械司机（施工升降机）、建筑起重机械司机（物料提升机）、建筑起重机械安装拆卸工（塔式起重机）、建筑起重机械安装拆卸工（施工升降机）、建筑起重机械安装拆卸工（物料提升机）和高处作业吊篮安装拆卸工等 11 个岗位工种，各岗位工种的具体操作范围规定如下：

（1）建筑电工。在建筑工程施工现场从事临时用电作业，具体讲是在建筑施工现场直接从事临时供电线路、配电装置的敷设、安装、测试、维修、检查、拆除等作业的人员，一般不能从事建筑工程电气安装作业。

（2）建筑架子工（普通脚手架）。在建筑工程施工现场从事落地式脚手架、悬挑式脚手架、模板支架、外电防护架、卸料平台、洞口临边防护等登高架设、维护、拆除作业，一般不得从事附着式升降脚手架的安装、升降、维护和拆卸以及物料提升机（井架、龙门架）、高处作业吊篮的搭设、拆除等作业。

（3）建筑架子工（附着升降脚手架）。在建筑工程施工现场从事附着式升降脚手架的安装、升降、维护和拆卸作业，一般不能从事普通脚手架的施工作业。

（4）建筑起重司索信号工。在建筑工程施工现场从事对起吊物体进行绑扎、挂钩等司索作业和起重指挥作业。

（5）建筑起重机械司机（塔式起重机）。在建筑工程施工现场从事固定式、轨道式和内爬升式塔式起重机的驾驶操作，一般不得从事汽车式、轮胎式和履带式起重机驾驶操作。

（6）建筑起重机械司机（施工升降机）。在建筑工程施工现场从事施工升降机的驾驶操作，不包括塔式起重机的驾驶操作。

（7）建筑起重机械司机（物料提升机）。在建筑工程施工现场从事物料提升机的驾驶操作，不包括塔式起重机、施工升降机的驾驶操作。

（8）建筑起重机械安装拆卸工（塔式起重机）。在建筑工程施工现场从事固定式、轨道式和内爬升式塔式起重机的安装、附着、顶升和拆卸作业。

（9）建筑起重机械安装拆卸工（施工升降机）。在建筑工程施工现场从事施工升降机的安装和拆卸作业，一般不能从事塔式起重机的安装拆卸作业。

（10）建筑起重机械安装拆卸工（物料提升机）。在建筑工程施工现场从事物料提升机的安装和拆卸作业，一般不能从事塔式起重机和施工升降机的安装拆卸作业。

（11）高处作业吊篮安装拆卸工。在建筑工程施工现场从事高处作业吊篮的安装和拆卸作业，一般不能从事塔式起重机、施工升降机和物料提升机的安装拆卸作业。

2 建筑安全生产法规知识与作业人员权利义务

建立健全安全生产的法规制度，是构建安全生产长效机制的前提条件之一。在法规制度的框架下，政府和企业采取有效措施，提高安全生产水平，降低事故发生概率，保障生产正常进行。建筑施工作业人员应当了解建筑安全生产法规知识，遵守安全生产规章制度，保护好自己，不伤害他人。

2.1 建筑安全生产法律法规体系

安全生产法律法规是指调整在生产过程中产生的，与劳动者安全、健康以及生产资料和社会财富安全保障有关的各种社会关系的法律规范的总和。安全生产法律法规是国家法律体系中的重要组成部分。全国人大、国务院及有关部委和地方人大、政府颁发的有关安全生产、职业安全卫生、劳动保护等方面的法律、法规、规章等，都属于安全生产法规的范畴。

目前，我国的安全生产法规已初步形成一个以宪法为依据、以《安全生产法》为主体，由有关法律、行政法规、地方法规和行政规章、技术标准所组成的综合体系。我国建筑安全生产法律法规体系分为以下几个层次：

2.1.1 宪法

宪法是国家法律体系的基础和核心，确定了国家制度、社会制度和公民的基本权利和义务，具有最高法律效力，是其他法律的立法依据和基础。其他法律法规的制定必须服从宪法，不得同宪法相抵触，否则，就会被修改或废止。我国《宪法》规定："国家通过各种途径，创造劳动就业条件，加强劳动保护，改善劳动条件，并在发展生产的基础上，提高劳动报酬和福利待遇。"这是对安全生产方面最高法律效力的规定。

2.1.2 法律

狭义地讲，我国法律是指全国人民代表大会及其常务委员会按照法定程序制定的规范性文件，其法律地位和效力仅次于宪法，是行政法规、地方法规、行政规章的立法依据和基础。全国人民代表大会及其常委会作出的具有规范性的决议、决定、规定、办法等，也属于国家法律范畴。建筑法律是建筑法规体系的最高层次，具有最高法律效力。目前我国颁布的建筑法律主要是《建筑法》，涉及建筑安全生产的还有《安全生产法》、《劳动法》等。

2.1.3 行政法规

行政法规是指由最高国家行政机关，即国务院在法定职权范围内，根据并且为实施宪法和法律而制定的有关国家行政管理活动方面的规范性文件的总称。从法律效力上讲，行政法规的效力仅次于法律。

建筑法规是国务院根据有关法律授权条款和管理全国建筑行政工作的需要制定的,是对法律条款中涉及建筑活动的进一步细化。目前我国颁布的建筑安全生产法规主要有《建设工程安全生产管理条例》,涉及建筑安全生产的还有《特种设备安全监察条例》、《安全生产许可证条例》等。

2.1.4 地方性法规

地方性法规包括以下两个层次:
(1) 省、自治区、直辖市的人民代表大会及其常务委员会根据本行政区域的具体情况和实际需要,在不与宪法、法律、行政法规相抵触的前提下,制定的仅适用于本行政区域内的规范性文件。
(2) 较大的市(指省、自治区的人民政府所在地的市、经济特区所在地的市和经国务院批准的较大的市)的人民代表大会及其常务委员会根据本市的实际情况和实际需要,在不与宪法、法律、行政法规和本省、自治区的地方性法规相抵触的前提下,制定的仅适用于本行政区域内的规范性文件,报省、自治区的人民代表大会常务委员会批准后施行。

根据本行政区建筑行政管理需要制定的行政法规,就是地方性行政法规,如《山东省建筑市场条例》、《上海市建筑市场管理条例》等。

2.1.5 规章

规章按制定主体的不同可分为行政规章和地方性规章。
(1) 行政规章。是指国务院所属部门根据法律和行政法规,在本部门的权限内制定、发布的规范性文件,也称部门规章。其法律地位和效力低于宪法、法律、行政法规。部门规章在全国行业、部门内具有约束力。

建设部门规章一般由住房与城乡建设部制定，并以建设部令的形式发布，如《建筑施工企业安全生产许可证管理规定》（建设部令第128号）、《建筑起重机械安全监督管理规定》（建设部令第166号）等。

（2）地方性规章。是指省、自治区、直辖市的人民政府，省、自治区人民政府所在地的市的人民政府和经国务院批准的较大的市的人民政府，根据法律、行政法规和本行政区的地方性法规制定的规范性文件。其法律地位和效力低于宪法、法律、行政法规和地方性法规。地方性建筑规章一般以省（市）政府令的形式发布，如《北京市建设工程施工现场管理办法》（北京市人民政府令第72号）、《山东省建筑安全生产管理规定》（山东省人民政府令第132号）等。

2.1.6 技术标准

技术标准是指规定强制执行的产品特性或其相关工艺和生产方法的文件，以及规定适用于产品、工艺或生产方法的专门术语、符号、包装、标志或标签要求的文件。在我国技术标准由标准主管部门以标准、规范、规程等形式颁布，也属于法规范畴。技术标准分为国家标准（GB）、行业标准、地方标准（DB）、企业标准（QB）等四个等级。国家标准、行业标准分为强制性标准和推荐性标准。保障人体健康，人身、财产安全的标准和法律、行政法规规定强制执行的标准是强制性标准，其他标准是推荐性标准。

（1）国家标准。国家标准是在全国范围内统一的技术要求，由国务院标准化行政主管部门制定、发布。强制性标准代号为

"GB",推荐性标准代号为"GB/T"。国家标准的编号由国家标准代号、国家标准发布顺序号及国家标准发布的年号组成。如《塔式起重机安全规程》(GB 5144—2006)、《建筑工程施工质量验收统一标准》(GB 50300—2001)、《起重机用钢丝绳检验和报废实用规范》(GB/T 5972—2006)等。

(2) 行业标准。行业标准是在全国某个行业范围内统一的技术要求。行业标准由国务院有关行政主管部门制定、发布,并报国务院标准化行政主管部门备案。行业标准是对国家标准的补充,行业标准在相应国家标准实施后,应该自行废止。建筑行业标准主要有:城市建设行业标准(CJ)、建材行业标准(JC)、建筑工业行业标准(JG)。现行工程建设行业标准代号在部分行业标准代号后加上第三个字母J,行业标准的编号由标准代号、标准顺序号及年号组成。如《施工现场临时用电安全技术规范》(JGJ 46—2005)、《建筑施工门式钢管脚手架安全技术规范》(JGJ 128—2000)和《冷轧扭钢筋》(JG 190—2006)等。

(3) 地方标准。地方标准又称为区域标准,对没有国家标准和行业标准而又需要在辖区内统一的产品的安全、卫生要求,可以制定地方标准。地方标准由省、自治区、直辖市标准化行政主管部门制定,并报国务院标准化行政主管部门和国务院有关行政主管部门备案。

(4) 企业标准。企业标准是对企业范围内需要协调、统一的技术要求、管理要求和工作要求所制定的标准。企业标准由企业制定,由企业法人代表或法人代表授权的主管领导批准、发布。

2.2 建筑安全生产主要法律法规和规章制度

2.2.1 建筑安全生产主要法律

在法律层面上,《安全生产法》和《建筑法》是构建建筑安全生产法律法规的两大基础。此外,还有《劳动法》、《消防法》等也对建筑安全生产行为进行了规范。

(1)《建筑法》

《中华人民共和国建筑法》于 1997 年 11 月 1 日经第八届全国人民代表大会常务委员会第二十八次会议通过,1997 年 11 月 1 日中华人民共和国主席令第九十一号公布,自 1998 年 3 月 1 日起施行。《建筑法》是我国第一部规范建筑活动的部门法,主要规定了建筑许可、建筑工程发包承包、建筑安全生产管理、建筑工程质量管理及相应法律责任等方面的内容,对建筑工程质量和施工安全作了较为系统的规范。

(2)《安全生产法》

《中华人民共和国安全生产法》于 2002 年 6 月 29 日经第九届全国人民代表大会常务委员会第二十八次会议通过,2002 年 6 月 29 日中华人民共和国主席令第七十号公布,自 2002 年 11 月 1 日起施行。《安全生产法》是我国第一部全面规范安全生产的专门法律,是我国安全生产的主体法,是各类生产经营单位及其从业人员实现安全生产所必须遵循的行为准则,是各级人民政府及其有关部门进行安全生产监督管理和行政执法的主要依据。该法明确了安全生产的运行机制和监管体制,确定了安全生产的基本法律制度,明确了对安全生产负有责任的各方主体和从业人员的权利、义务,以及应承担的法律责任。

(3)《劳动法》

《中华人民共和国劳动法》于1994年7月5日经第八届全国人民代表大会常务委员会第八次会议通过,1994年7月5日中华人民共和国主席令第二十八号发布,自1995年1月1日起施行。《劳动法》对用人单位必须建立健全劳动安全卫生制度,严格执行国家劳动安全卫生规程和标准,对劳动者进行劳动安全卫生教育,提供劳动安全卫生条件和必要的劳动防护用品,防止劳动过程中的事故,减少职业危害以及劳动者的权利和义务等方面进行了规范。

(4)《刑法》

《中华人民共和国刑法》于1979年7月1日第五届全国人民代表大会第2次会议通过,1997年3月14日第八届全国人民代表大会第5次会议修订。根据2009年2月28日第十一届全国人民代表大会常务委员会第七次会议通过的《中华人民共和国刑法修正案(七)》,在建筑施工活动中违反有关法律法规,造成严重安全生产后果的,应当根据《刑法》第134、135、136、137、139条承担相应的刑事责任。

(5)《消防法》

《中华人民共和国消防法》于1998年4月29日由第九届全国人民代表大会常务委员会第二次会议通过,中华人民共和国主席令第四号发布,2008年10月28日经第十一届全国人民代表大会常务委员会第五次会议修订,自2009年5月1日起施行。该法从消防设计、审核、建筑构件和建筑材料的防火性能、消防设施的日常管理到工程建设各方主体应履行的消防责任和义务逐一进行了规范。如禁止在具有火灾、爆炸危险的场所吸烟、使用明火;因施工等特殊情况需要使用明火作业的,应当按照规定事先办理审批手续,采取相应的消防安全措施;进行电焊、气焊等具有火灾危险作业的人员和自动消防系统的操作人员，必须持证上岗等。

涉及建筑安全生产的其他法律还有《环境保护法》、《环境噪声污染防治法》、《固体废物污染环境防治法》和《大气污染防治法》等。

2.2.2 建筑安全生产主要法规

在行政法规层面上，《建设工程安全生产管理条例》和《安全生产许可证条例》是建筑安全生产法规体系中主要的行政法规。

(1)《建设工程安全生产管理条例》

《建设工程安全生产管理条例》于 2003 年 11 月 12 日国务院第 28 次常务会议通过，2003 年 11 月 24 日国务院令第 393 号发布，自 2004 年 2 月 1 日起施行。《建设工程安全生产管理条例》是我国第一部关于建筑安全生产管理的行政法规，是《建筑法》、《安全生产法》等法律在建设领域的具体实施。

该条例较为详细地规定了工程建设各方主体的安全生产责任，以及政府部门对建设工程安全生产实施监督管理的责任等。

1) 明确了"安全第一、预防为主"是建设工程的安全生产管理方针。

2) 规定了建设单位、勘察单位、设计单位、施工单位、工程监理单位以及设备材料供应单位、机械设备租赁单位、起重机械和整体提升脚手架、模板等自升式架设设施的安装、拆卸单位等与建设工程安全生产有关的单位应承担的相应安全生产责任。

3) 确立了建设工程安全生产的十三项基本管理制度。其中，涉及政府部门的安全生产监管制度有七项：依法批准开工报告的建设工程和拆除工程备案制度、三类人员考核任职制度、特种作业人员持证上岗制度、施工起重机械使用登记制度、政府安全监督检查制度、危及施工安全工艺、设备、材料淘汰制度和生产安全事故报告制度。涉及施工企业的安全生产制度有六项，即安全生产责任制度、安全生产教育培训制度、专项施工方案专家论证审查制度、施工现场消防安全责任制度、意外伤害保险制度和生产安全事故应急救援制度。

(2)《安全生产许可证条例》

《安全生产许可证条例》于2004年1月7日经国务院第34次常务会议通过，2004年1月13日国务院令第397号发布施行。该条例确立了企业安全生产的准入制度，对矿山企业、建筑施工企业和危险化学品、烟花爆竹、民用爆破器材生产企业实行安全生产许可制度。

涉及建筑安全生产的其他法规还有《特种设备安全监察条例》、《生产安全事故报告和调查处理条例》、《国务院关于进一步加强安全生产工作的决定》和《国务院关于特大安全事故行政责任追究的规定》。其中，《特种设备安全监察条例》对特种设备的生产、使用、检验检测和监督检查、事故预防和调查处理和法律责任等方面作了相应规定；《生产安全事故报告和调查处理条例》对生产安全事故的等级、报告、调查和处理等方面作了相应规定。

2.2.3 建筑安全生产主要部门规章和规范性文件

(1)《建筑起重机械安全监督管理规定》

《建筑起重机械安全监督管理规定》于2008年1月8日经建设部第145次常务会议通过，建设部令第166号发布，自2008年6月1日起施行。该规定对建筑起重机械的购置、租赁、安装、拆卸、使用及监督管理等环节作了规定，建立了设备的购置、报废、产权备案、安装拆卸告知和使用登记等制度,明确了起重机械设备安装、使用单位和工程总承包单位、工程监理单位的安全生产责任。

(2)《建筑施工特种作业人员管理规定》

《建筑施工特种作业人员管理规定》(见附录一)于2008年4月28日由建设部以建质[2008]75号文下发,自2008年6月1日起施行。该文件规定了建筑施工特种作业人员的范围、条件、考核、证书发放、从业和监督管理等。

(3)《关于建筑施工特种作业人员考核工作的实施意见》

2008年7月28日,建设部以建办质[2008]41号文下发了《关于建筑施工特种作业人员考核工作的实施意见》(见附录二),对建筑施工特种作业人员的考核目的、考核机关、操作范围、考核对象、考核条件、考核内容、考核标准和考核办法作了具体的规定。

2.3 从业人员的权利义务和法律责任

《安全生产法》规定:"生产经营单位的从业人员有依法获得安全生产保障的权利,并应当依法履行安全生产方面的义务。"

2.3.1 从业人员的权利

根据《安全生产法》、《建筑法》、《劳动法》和《建设工程安全生产管理条例》等法律法规,建筑施工作业人员在安全生产方面享有以下权利:

(1)获得安全防护用具和安全防护服装的权利。获得安全防护用具和安全防护服装,是作业人员的一项基本权利;向作业人员提供安全防护用具和安全防护服装，是施工单位的一项法定义务。施工单位购置的安全防护用具和安全防护服装必须符合国家标准或者行业标准的规定。

（2）了解施工现场和工作岗位存在的危险因素、防范措施及事故应急措施的权利。作业人员了解施工现场和工作岗位存在的危险因素，如易燃易爆、有毒有害等危险物品及其可能对人体造成的伤害，高处作业、机械设备运转等存在的危险因素等，这不仅是从业人员的权利，也是对其提高防范意识，实现自我保护，有效预防事故的发生和将事故损失降低到最低程度的有效途径。

（3）有权了解危险岗位的操作规程和违章操作的危害。施工单位书面告知作业人员危险岗位的操作规程和违章操作的危害，不得隐瞒、省略，更不能欺骗作业人员，这既是施工单位的法定义务，也是法律赋予作业人员的知情权。这有利于提高作业人员的安全生产意识和事故防范能力，减少事故发生。

（4）对安全生产工作中存在的问题提出批评、检举和控告的权利。施工作业人员直接从事施工作业，对本岗位、本工程项目的作业条件、作业程序和作业方式中存在的安全问题有最直接的感受，能够提出一些切中要害的、符合实际的合理化建议和批评意见，有利于施工单位和工程项目不断改进安全生产工作，减少工作当中的失误。对安全生产工作中存在的问题，如施工单位和工程项目违反安全生产法律、法规、规章等行为，作业人员有权向建设行政主管部门、负有安全生产监督管理职责的部门、直至监察机关、地方人民政府等进行检举、控告，有利于有关部门及时了解、掌握施工单位安全生产工作中存在的问题，采取措施，制止和查处施工单位违反安全生产法律、法规的行为，防止生产安全事故的发生。

对作业人员的检举、控告，建设行政主管部门和其他有关部门应当查清事实，认真处理，不得压制和打击报复。

（5）有权拒绝违章指挥和强令冒险作业。违章指挥、强令冒险作业，侵犯了作业人员的合法权益，是严重的违法行为，也是导致安全事故的重要因素。法律赋予作业人员有权拒绝违章指挥和强令冒险作业的权利，对于维护正常的生产秩序，有效防止安全事故发生，保护作业人员自身的人身安全，具有十分重要的意义。

（6）在施工中发生危及人身安全的紧急情况时，有权立即停止作业或者在采取必要的应急措施后撤离危险区域。建筑活动具有不可预测的风险，作业人员在施工过程中有可能会突然遇到直接危及人身安全的紧急情况，此时如果不停止作业或者撤离作业场所，就会造成重大的人身伤亡事故。法律赋予作业人员在上述紧急情况下可以停止作业以及撤离作业场所的权利，这对于保证作业人员的人身安全是十分重要的。

（7）获得意外伤害保险的权利。《建筑法》规定："建筑施工企业必须为从事危险作业的职工办理意外伤害保险，支付保险费。"对施工单位的从业人员，无论是固定工，还是合同工；无论是正式工，还是农民工；无论是作业人员，还是管理人员，只要是在施工现场参与工程建设的，施工单位就必须为其办理意外伤害保险并支付意外伤害保险费。实行施工总承包的，由总承包单位支付意外伤害保险费。意外伤害保险期限自建设工程开工之日起至竣工验收合格止。

（8）享有工伤保险的权利。工伤保险是为了保障从业人员在工作中遭受事故伤害和患职业病后获得医疗救治、经济补偿和职业康复的权利。根据《工伤保险条例》规定，施工单位应当参加工伤保险，为本单位全部职工缴纳工伤保险费。

（9）享有获得工伤赔偿的权利。根据《安全生产法》规定："因生产安全事故受到损害的从业人员，除依法享有工伤社会保险外，依照有关民事法律尚有获得赔偿的权利的，有权向本单位提出赔偿要求。"赔偿责任，是指行为人因其行为导致他人财产或人身受到损害时，行为人以自己的财产补偿受害人损失的责任，其主要作用是补偿受害人的经济损失。施工作业人员因事故受到损害的，如果施工单位对事故的发生负有责任，施工作业人员除依法享有工伤社会保险外，还有权向本单位提出赔偿要求。

2.3.2 从业人员的义务

施工单位的从业人员在享有安全生产保障权利的同时，也必须履行相应的安全生产方面的义务。主要包括以下几方面：

（1）遵守有关安全生产的法律、法规和规章的义务。施工单位的作业人员在施工过程中，应当遵守有关安全生产的法律、法规和规章。这些安全生产的法律、法规和规章是总结安全生产的经验教训，根据科学规律和法定程序制定的，是实现安全生产的基本要求和保证，严格遵守是每一个作业人员的法律义务。

（2）遵守安全施工的强制性标准、本单位的规章制度和操作规程的义务。施工现场的作业人员是建筑活动的具体承担者之一，其是否能严格遵守工程建设强制性标准、安全生产规章制度和安全操作规程，直接决定着施工过程能否安全。

（3）正确使用安全防护用具、机械设备的义务

1）作业人员应当正确使用安全防护用具。作业人员应当熟悉、掌握安全防护用具的构造、功能，掌握正确使用的有关知识，在作业过程中按照规则和要求正确佩戴和使用。

2）作业人员应当正确使用机械设备。作业人员应当熟悉和了解所使用的机械设备的构造和性能，掌握安全操作知识和技能，遵照安全操作规程进行操作。

（4）接受安全生产教育培训，掌握所从事工作应具备的安全生产知识的义务。建筑活动的复杂性和多样性决定了安全生产知

识和安全生产技能的复杂性和多样性。要保障安全生产,作业人员必须具备安全生产知识、技能以及事故预防和应急处理能力。施工作业人员有权享有、有义务接受社会、单位和工程项目组织的安全生产教育培训。

(5) 发现事故隐患或者其他不安全因素,立即报告的义务。作业人员直接承担具体的作业活动,更容易发现事故隐患或者其他不安全因素。作业人员一旦发现事故隐患或者其他不安全因素,应当立即向现场安全管理人员或者本单位负责人报告,不得隐瞒不报或者拖延报告。

2.3.3 从业人员的法律责任

从业人员不服从管理,违反安全生产规章制度、操作规程和劳动纪律,冒险作业的,由单位给予批评教育,依照有关规章制度给予处分;造成重大伤亡事故或者其他严重后果的,依法追究其法律责任。通常情况下,所谓的法律责任包括行政责任和刑事责任。

(1) 行政责任

行政责任是指违反有关行政管理法律、法规的规定,但尚未构成犯罪的违法行为所应承担的法律责任。追究行政责任通常以行政处分和行政处罚两种方式来实施。

1) 行政处分

行政处分是指国家机关、企事业单位根据法律、法规和规章的有关规定,按照管理权限,由所在单位或者其上级主管机关对犯有违法和违纪行为的国家工作人员及国有企业、国有控股公司有关人员所给予的一种制裁处理。处分的形式包括警告、记过、降级、降职、撤职、开除等。

2) 行政处罚

行政处罚指国家行政机关对违法行为所实施的强制性惩罚措施，通常有以下六种：

①警告，指行政机关对违反行政法律规范行为的谴责和警示。

②罚款，指行政机关强迫违法行为人缴纳一定数额的货币。

③责令停产停业，是指行政机关责令违法行为人停止生产、经营活动，从而限制或者剥夺违法行为人生产、经营能力的一种处罚。

④暂扣或者吊销许可证、暂扣或者吊销执照，是指行政机关限制或取消组织或个人已取得的行政许可。

⑤没收违法所得、没收非法财物，指行政机关依法将行为人通过违法行为获取的财产收归国有。

⑥行政拘留。属人身罚，指特定行政机关（公安机关）对违反行政法律规范的公民，在短期内限制其人身自由的一种处罚。

（2）刑事责任

刑事责任是指责任主体实施刑事法律禁止的行为所应承担的法律后果。通俗地讲，刑事责任是指责任人违反《刑法》相关条款，所应承担的应当给予刑罚制裁的法律责任。根据《刑法》，作业人员在安全生产中触犯《刑法》的，应承担以下刑事责任：

1）在生产、作业中违反有关安全管理的规定，因而发生重大伤亡事故或者造成其他严重后果的，处三年以下有期徒刑或者拘役；情节特别恶劣的，处三年以上七年以下有期徒刑。

2）强令他人违章冒险作业，因而发生重大伤亡事故或者造成其他严重后果的，处五年以下有期徒刑或者拘役；情节特别恶劣的，处五年以上有期徒刑。

3）违反爆炸性、易燃性、放射性、毒害性、腐蚀性物品的管理规定，在生产、储存、运输、使用中发生重大事故，造成严重后果的，处三年以下有期徒刑或者拘役；后果特别严重的，处三年以上七年以下有期徒刑。

　　4）在安全事故发生后，负有报告职责的人员不报或者谎报事故情况，贻误事故抢救，情节严重的，处三年以下有期徒刑或者拘役；情节特别严重的，处三年以上七年以下有期徒刑。

3 建筑施工特种作业安全生产管理制度

建筑施工特种作业人员管理制度是指为了加强对特种作业人员的管理，确保特种作业人员本人和他人的安全，保证生产顺利进行而制定的一系列管理制度。包括相关法律、法规、规章和标准中有关特种作业人员的规定，以及建筑施工企业在贯彻执行国家、地方有关规定的基础上，结合企业自身特点所制定的特种作业人员管理制度。

3.1 建筑施工特种作业人员管理制度

3.1.1 特种作业人员培训制度

《安全生产法》规定："生产经营单位的特种作业人员必须按照国家有关规定经专门的安全作业培训，取得特种作业操作资格证书，方可上岗操作。"

特种作业人员上岗前必须接受本工种专门的安全操作技能培训，培训内容包括安全技术理论和实际操作。其中，安全技术理论包括安全生产基本知识、专业基础知识和专业技术理论等内容；实际操作技能主要包括安全操作要领，常用工具的使用，主要材料、元配件、隐患的辨识，安全装置调试，故障排除，紧急情况处理等技能。

从事特种作业人员培训的机构，应当按照规定的内容和学时培训，并为培训合格人员出具培训证明。

3.1.2 特种作业人员考核制度

特种作业人员必须经有关业务主管部门对其安全操作技能进行考核。

（1）考核机构

按照住房与城乡建设部的规定，建筑施工特种作业人员的考核发证工作，由省、自治区、直辖市人民政府建设主管部门或其委托的考核发证机构负责组织实施。

（2）考核条件

申请参加特种作业人员考核的人员应当具备下列基本条件：

1）年满18周岁且符合相应特种作业规定的年龄要求；

2）近三个月内经二级乙等以上医院体检合格且无妨碍从事相应特种作业的疾病和生理缺陷；

3）初中及以上学历；

4）经培训机构安全操作技能培训结业考核合格；

5）符合相应特种作业规定的其他条件。

（3）考核内容

建筑施工特种作业人员考核内容包括安全技术理论和安全操作技能。

考核内容分掌握、熟悉、了解三类。其中掌握即要求能运用相关特种作业知识解决实际问题；熟悉即要求能较深地理解相关特种作业安全技术知识；了解即要求具有相关特种作业的基本知识。

（4）考核方法

1) 安全技术理论考核,采用闭卷笔试方式。考核时间为 2 小时,实行百分制,60 分为合格。其中,安全生产基本知识占 25%、专业基础知识占 25%、专业技术理论占 50%。

2) 安全操作技能考核,采用实际操作(或模拟操作)、口试等方式。考核实行百分制,70 分为合格。

3) 安全技术理论考核不合格的,不得参加安全操作技能考核。安全技术理论考试和实际操作技能考核均合格的,为考核合格。

3.1.3 特种作业人员从业制度

(1) 持有有效特种作业人员操作资格证书的人员,应当在受聘于建筑施工企业或者建筑起重机械出租单位,并与用人单位订立劳动合同后,方可从事相应的特种作业。

(2) 首次取得资格证书的特种作业人员,在正式上岗前,应当在参加不少于 3 个月的实习操作合格后,方可独立上岗作业。

1) 实习操作期间,用人单位应当指定专人指导和监督作业;

2) 指导人员应当从取得相应特种作业资格证书并从事相关工作 3 年以上、无不良记录的熟练工中选择;

3) 实习操作期满,经用人单位考核合格,方可独立作业。

(3) 特种作业从业人员应严格在其资格证书的操作范围内作业。

(4) 特种作业从业人员应当严格遵守国家有关管理规定和本单位的特种作业安全操作规程和有关安全管理制度。

3.1.4 特种作业操作资格证书管理制度

(1) 有效期

建筑施工特种作业操作资格证书有效期为两年。

（2）持证

特种作业人员进行作业时，应当随身携带《建筑施工特种作业操作资格证书》，并自觉接受用人单位、监理单位和建设主管部门的监督检查。任何人都不得非法涂改、扣押、倒卖、出租、出借或者以其他形式转让资格证书。

（3）延期复核

1）延期复核的申请

建筑施工特种作业操作资格证书有效期满需要延期的，持证人应当于期满前三个月内向原考核发证机关申请办理延期复核手续。建筑施工特种作业人员申请延期复核，应当提交下列材料：

① 身份证；

② 体检合格证明；

③ 年度安全教育培训证明或者继续教育证明；

④ 用人单位出具的特种作业人员管理档案记录；

⑤ 考核发证机关规定提交的其他资料。

2）延期复核结果

延期复核结果分合格和不合格两种。延期复核合格的，资格证书有效期延期两年。建筑施工特种作业人员在资格证书有效期内，有下列情形之一的，延期复核结果为不合格：

① 超过相关工种规定年龄要求的；

② 身体健康状况不再适应相应特种作业岗位的；

③ 对生产安全事故负有责任的；

④ 两年内违章操作记录达3次（含3次）以上的；

⑤ 未按规定参加年度安全教育培训或者继续教育的；

⑥ 考核发证机关规定的其他情形。

（4）证书的撤销和注销

1）证书的撤销

有下列情形之一的，考核发证机关将撤销资格证书：

① 持证人弄虚作假骗取资格证书或者办理延期复核手续的；

② 考核发证机关工作人员违法核发资格证书的；

③ 考核发证机关规定应当撤销资格证书的其他情形。

2) 证书的注销

有下列情形之一的，考核发证机关将注销资格证书：

① 依法不予延期的；

② 持证人逾期未申请办理延期复核手续的；

③ 持证人死亡或者不具有完全民事行为能力的；

④ 考核发证机关规定应当注销的其他情形。

3.2 安全生产管理制度

3.2.1 安全生产责任制度

安全生产责任制度是建筑施工企业最基本的安全生产管理制度，是按照"安全第一、预防为主、综合治理"的安全生产方针和"管生产必须管安全"的原则，将企业各级负责人、各职能机构及其工作人员和各岗位作业人员在安全生产方面应做的工作及应负的责任加以明确规定的一种制度。安全生产责任制度是建筑施工企业所有安全规章制度的核心。

特种作业人员应当遵守安全生产规章制度，服从管理，坚守岗位，遵照操作规程操作，不违章作业，对本工种岗位的安全生产、文明施工负主要责任。特种作业人员安全生产责任制主要包含以下内容：

(1) 认真贯彻、执行国家和省市有关建筑安全生产的方针、

政策、法律法规、规章、标准、规范和规范性文件;

（2）认真学习、掌握本岗位的安全操作技能，提高安全意识和自我保护能力;

（3）严格遵守本单位的各项安全生产规章制度;

（4）遵守劳动纪律，不违章作业，拒绝违章指挥;

（5）积极参加本班组的班前安全活动;

（6）严格按照操作规程和安全技术交底进行作业;

（7）正确使用安全防护用具、机械设备;

（8）发生生产安全事故后，保护好事故现场，并按照规定的程序及时如实报告。

3.2.2 安全生产教育培训制度

施工单位应当建立健全安全生产教育培训制度。特种作业人员应严格执行安全生产教育培训制度，按规定接受下列培训教育：

（1）三级教育

建筑施工企业对新进场工人进行的安全生产基本教育，包括公司级安全教育（第一级教育）、项目级安全教育（第二级教育）和班组级安全教育（第三级教育），俗称"三级教育"。新进场的特种作业人员必须接受"三级"安全教育培训，并经考核合格后，方能上岗。

1）公司级安全教育，由公司安全教育部门实施，应包括以下主要内容：

①国家和地方有关安全生产方面的方针、政策及法律法规；

②建筑行业施工特点及施工安全生产的目的和重要意义；

③施工安全、职业健康和劳动保护的基本知识；

④建筑施工人员安全生产方面的权利和义务；

⑤本企业的施工生产特点及安全生产管理规章制度、劳动纪律。

2) 项目级安全教育,由工程项目部组织实施,应包括以下主要内容:

①施工现场安全生产和文明施工规章制度;

②工程概况、施工现场作业环境和施工安全特点;

③机械设备、电气安全及高处作业的安全基本知识;

④防火、防毒、防尘、防爆基本知识;

⑤常用劳动防护用品佩戴、使用的基本知识;

⑥危险源、重大危险源的辨识和安全防范措施;

⑦生产安全事故发生时自救、排险、抢救伤员、保护现场和及时报告等应急措施;

⑧紧急情况和重大事故应急预案。

3) 班组级安全教育,由班组长组织实施,应包括以下主要内容:

①本班组劳动纪律和安全生产、文明施工要求;

②本班组作业环境、作业特点和危险源;

③本工种安全技术操作规程及基本安全知识;

④本工种涉及的机械设备、电气设备及施工机具的正确使用和安全防护要求;

⑤采用新技术、新工艺、新设备、新材料施工的安全生产知识;

⑥本工种职业健康要求及劳动防护用品的主要功能、正确佩戴和使用方法;

⑦本班组施工过程中易发事故的自救、排险、抢救伤员、保护现场和及时报告等应急措施。

(2) 年度安全教育培训

特种作业人员应参加年度安全教育培训,培训时间不少于

24学时。其教育培训情况记入个人工作档案。安全生产教育培训考核不合格的人员，不得上岗。

(3) 经常性教育

建筑施工企业应坚持开展经常性安全教育，经常性安全教育宜采用安全生产讲座、安全生产知识竞赛、广播、播放音像制品、文艺演出、简报、通报、黑板报等形式，在施工现场设置安全教育宣传栏、张挂安全生产宣传标语。特种作业人员应积极参加和接受经常性的安全教育。

(4) 转场、转岗安全教育培训

作业人员进入新的施工现场前，施工单位必须根据新的施工作业特点组织开展有针对性的安全生产教育，使作业人员熟悉新项目的安全生产规章制度，了解工程项目特点和安全生产应注意的事项。

作业人员进入新的岗位作业前，施工单位必须根据新岗位的作业特点组织开展有针对性的安全生产教育培训，使作业人员熟悉新岗位的安全操作规程和安全注意事项，掌握新岗位的安全操作技能。

(5) 新技术、新工艺、新材料、新设备安全教育培训

采用新技术、新工艺、新材料或者使用新设备的工程，施工单位应当充分了解与研究，掌握其安全技术特性，有针对性地采取有效的安全防护措施，并对作业人员进行教育培训。特种作业人员应接受相应的教育培训，掌握新技术、新工艺、新材料或者新设备的操作技能和事故防范知识。

(6) 季节性安全教育

季节性施工主要是指夏季与冬季施工。季节性安全教育是针对气候特点可能给施工安全带来危害而组织的安全教育，例如高温、严寒、台风、雨雪等特殊气候条件下施工时，建筑施工企业应结合实际情况，对作业人员进行有针对性的安全教育。

(7) 节假日安全教育

节假日安全教育是针对节假日（如元旦、春节、劳动节、国庆节）期间和前、后，职工的思想和工作情绪不稳定，思想不集中，注意力分散，为防止职工纪律松懈、思想麻痹等进行的安全教育。同时，对节日期间施工、消防、生活用电、交通、社会治安等方面应当注意的事项进行告知性教育。

3.2.3 班前活动制度

施工班组在每天上岗前进行的安全活动，称为班前活动。建筑施工企业必须建立班前安全活动制度。施工班组应每天进行班前安全活动，填写班前安全活动记录表。班前安全活动由班组长组织实施。班前安全活动应包括以下主要内容：

（1）前一天安全生产工作小结，包括施工作业中存在的安全问题和应汲取的教训。

（2）当天工作任务及安全生产要求，针对当天的作业内容和环节、危险部位和危险因素、作业环境和气候情况提出安全生产要求。

（3）班前的安全教育，包括项目和班组的安全生产动态、国家和地方的安全生产形势、近期安全生产事件及事故案例教育。

（4）岗前安全隐患检查及整改，具体检查机械、电气设备、防护设施、个人安全防护用品、作业人员的安全状态。

3.2.4 安全专项施工方案编制和审批制度

所谓建筑工程安全专项施工方案，是指建筑施工过程中，施工单位在编制施工组织（总）设计的基础上，对危险性较大的分部分项工程，依据有关工程建设标准、规范和规程，单独编制的具有针对性的安全技术措施文件。

达到一定规模的危险性较大的分部分项工程以及涉及新技术、新工艺、新设备、新材料的工程，因其复杂性和危险性，在施工过程中易发生事故，导致重大人身伤亡或不良社会影响。

（1）安全专项施工方案的编制范围

1）临时用电设备在 5 台及以上或设备总容量在 50kW 及以上的施工现场临时用电工程；

2）开挖深度超过 3m 或地质条件和周边环境复杂的基坑（槽）支护、降水、土方开挖等工程。

3）模板工程及支撑体系

①大模板、滑模、爬模、飞模等工具式模板工程。

②混凝土模板支撑工程：搭设高度 5m 及以上；搭设跨度 10m 及以上；施工总荷载 10kN/m² 及以上；集中线荷载 15kN/m 及以上；高度大于支撑水平投影宽度且相对独立无联系构件的混凝土模板支撑工程。

③承重支撑体系：用于钢结构安装等满堂支撑体系。

4）起重吊装及安装拆卸工程

①采用非常规起重设备、方法，且单件起吊重量在 10kN 及以上的起重吊装工程。

②采用起重机械进行安装的工程。

③起重机械设备自身的安装、拆卸。

5）脚手架工程

①搭设高度 24m 及以上的落地式钢管脚手架工程。

②附着式整体和分片提升脚手架工程。

③悬挑式脚手架工程。

④吊篮脚手架工程。

⑤自制卸料平台、移动操作平台工程。

⑥新型及异型脚手架工程。

6）建筑物、构筑物拆除工程。

7）其他

①建筑幕墙安装工程。

②钢结构、网架和索膜结构安装工程。

③人工挖扩孔桩工程。

④地下暗挖、顶管及水下作业工程。

⑤预应力工程。

⑥采用新技术、新工艺、新材料、新设备及尚无相关技术标准的危险性较大的分部分项工程。

（2）专家论证的安全专项施工方案范围

有些工程由于其技术十分复杂，施工难度较大，一般的安全技术方案仍然不能保证施工安全，需要请专家对方案进行论证审查。下列危险性较大的分部分项工程，应由工程技术人员组成的专家组对安全专项施工方案进行论证、审查。

1）开挖深度超过5m，或者地质条件、周围环境和地下管线复杂，以及影响毗邻建筑（构筑）物安全的基坑（槽）的土方开挖、支护、降水工程。

2）模板工程及支撑体系

①滑模、爬模、飞模等工具式模板工程。

②混凝土模板支撑工程：搭设高度8m及以上；搭设跨度18m及以上，施工总荷载$15kN/m^2$及以上；集中线荷载20kN/m及以上。

③承重支撑体系：用于钢结构安装等满堂支撑体系，承受单点集中荷载7kN以上。

3）起重吊装及安装拆卸工程

①采用非常规起重设备、方法，且单件起吊重量在100kN及以上的起重吊装工程。

②起重量300kN及以上的起重设备安装工程；高度200m及

以上内爬起重设备的拆除工程。

4)脚手架工程

①搭设高度50m及以上落地式钢管脚手架工程。

②提升高度150m及以上附着式整体和分片提升脚手架工程。

③架体高度20m及以上悬挑式脚手架工程。

5)拆除、爆破工程

①采用爆破拆除的工程。

②码头、桥梁、高架、烟囱、水塔或拆除中容易引起有毒有害气(液)体或粉尘扩散、易燃易爆事故发生的特殊建(构)筑物的拆除工程。

③可能影响行人、交通、电力设施、通讯设施或其他建(构)筑物安全的拆除工程。

④文物保护建筑、优秀历史建筑或历史文化风貌区控制范围的拆除工程。

6)其他

①施工高度50m及以上的建筑幕墙安装工程。

②跨度大于36m及以上的钢结构安装工程;跨度大于60m及以上的网架和索膜结构安装工程。

③开挖深度超过16m的人工挖孔桩工程。

④地下暗挖工程、顶管工程、水下作业工程。

⑤采用新技术、新工艺、新材料、新设备及尚无相关技术标准的危险性较大的分部分项工程。

(3)专项方案编制的内容

1)工程概况:危险性较大的分部分项工程概况、施工平面布置、施工要求和技术保证条件。

2)编制依据:相关法律、法规、规范性文件、标准、规范及图纸(国家标准图集)、施工组织设计等。

3）施工计划：包括施工进度计划、材料与设备计划。

4）施工工艺技术：技术参数、工艺流程、施工方法、检查验收等。

5）施工安全保证措施：组织保障、技术措施、应急预案、监测监控等。

6）劳动力计划：专职安全生产管理人员、特种作业人员等。

7）计算书及相关图纸。

（4）安全专项施工方案的编制

建筑工程实行施工总承包的，安全专项方案应当由施工总承包单位组织编制。其中，起重机械安装拆卸工程、深基坑工程、附着式升降脚手架等专业工程实行专业分包的，其专项方案可由专业承包单位组织编制。

（5）安全专项施工方案的审批

安全专项方案应当由施工单位技术部门组织本单位施工技术、安全、质量等部门的专业技术人员进行审核。经审核合格的，由施工单位技术负责人签字。实行施工总承包的，专项方案应当由总承包单位技术负责人及相关专业承包单位技术负责人签字。

不需专家论证的安全专项方案，经施工单位审核合格后报监理单位，由项目总监理工程师审核签字。

（6）安全专项施工方案的专家论证

超过一定规模的危险性较大的分部分项工程专项方案应当由施工单位组织召开专家论证会。实行施工总承包的，由施工总承包单位组织召开专家论证会。专家组一般由5名以上专家组成，本项目参建各方的人员一般不以专家身份参加专家组。

施工单位应当根据论证报告修改完善专项方案，并经施工单位技术负责人、项目总监理工程师、建设单位项目负责人签字后，方可组织实施。实行施工总承包的，应当由施工总承包单位、相关专业承包单位技术负责人签字。

3.2.5 安全技术交底制度

安全技术交底是指将预防和控制安全事故发生及减少其危害的安全技术措施以及工程项目、分部分项工程概况向作业班组、作业人员作出的说明。安全技术交底制度是施工单位有效预防违章指挥、违章作业和伤亡事故发生的一种有效措施。

（1）安全技术交底的程序和要求

施工前，施工单位的技术人员应当将工程项目、分部分项工程概况以及安全技术措施要求向施工作业班组、作业人员进行安全技术交底，使全体作业人员明白工程施工特点及各施工阶段安全施工的要求，掌握各自岗位职责和安全操作方法。安全技术交底应符合下列要求：

1）施工单位负责项目管理的技术人员向施工班组长、作业人员进行交底。

2）交底必须具体、明确，针对性强。

3）各工种的安全技术交底一般与分部分项安全技术交底同步进行，对施工工艺复杂、施工难度较大或作业条件危险的，应当单独进行各工种的安全技术交底。

4）交接底应当采用书面形式，交接底双方应当签字确认。

（2）安全技术交底的主要内容一般有：

1）工程项目和分部分项工程的概况。

2）工程项目和分部分项工程的危险部位。

3）针对危险部位采取的具体防范措施。

4）作业中应注意的安全事项。

5）作业人员应遵守的安全操作规程、工艺要点。

6）作业人员发现事故隐患后应采取的措施。

7）发生事故后应采取的避险和急救措施。

4 个人安全防护用品使用

建筑施工作业环境复杂,露天交叉作业多、手工操作多,正确使用、佩戴个人安全防护用品,是减少和防止事故发生的重要措施。

4.1 安全防护用品管理

安全防护用品,也称劳动保护用品,是指在施工作业过程中能够对作业人员的人身起保护作用,使作业人员免遭或减轻各种人身伤害或职业危害的用品。

4.1.1 安全防护用品种类

安全防护用品按照防护部位分为八类:
(1) 头部防护类:安全帽、工作帽;
(2) 眼、面部防护类:护目镜、防护罩(分防冲击型、防腐蚀型、防辐射型等);
(3) 听觉、耳部防护类:耳塞、耳罩、防噪声帽等;
(4) 手部防护类:防腐蚀、防化学药品手套,绝缘手套,搬运手套,防火防烫手套等;
(5) 足部防护类:绝缘鞋、保护足趾安全鞋、防滑鞋、防油鞋、防静电鞋等;

(6) 呼吸器官防护类：防尘口罩、防毒面具等；

(7) 防护服类：防火服、防烫服、防静电服、防酸碱服等，包括防雨、防寒服装，专用标志服装和一般工作服装；

(8) 防坠落类：安全带、安全绳和防坠器等。

4.1.2 安全防护用品配置

建筑施工企业必须根据作业人员的施工环境、作业需要，按照规定配发安全防护用品，并监督其正确佩戴使用。

(1) 施工现场的作业人员必须戴安全帽、穿工作鞋和工作服；特殊情况下不戴安全帽时，长发者从事机械作业必须戴工作帽；

(2) 雨期施工应提供雨衣、雨裤和雨鞋，冬季严寒地区应提供防寒工作服；

(3) 处于无可靠安全防护设施的高处作业，必须系安全带；

(4) 从事电钻、砂轮等手持电动工具作业，操作人员必须穿绝缘鞋、戴绝缘手套和防护眼镜；

(5) 从事蛙式夯实机、振动冲击夯作业，操作人员必须穿具有电绝缘功能的保护足趾安全鞋、戴绝缘手套；

(6) 从事可能飞溅渣屑的机械设备作业，操作人员必须戴防护眼镜；

(7) 从事脚手架作业，操作人员必须穿灵便、紧口工作服、系带的高腰布面胶底防滑鞋，戴工作手套，高处作业时，必须系安全带；

(8) 从事电气作业，操作人员必须穿电绝缘鞋和灵便、紧口工作服；

(9) 从事焊接作业，操作人员必须穿阻燃防护服、电绝缘鞋、鞋盖、戴绝缘手套和焊接防护面罩、防护眼镜等劳动防护用

品,且符合下列要求:

1) 在高处作业时,必须戴安全帽与面罩连接式焊接防护面罩,系阻燃安全带;

2) 从事清除焊渣作业,应戴防护眼镜;

3) 在封闭的室内或容器内从事焊接作业,必须戴焊接专用防尘防毒面罩。

(10) 从事塔式起重机及垂直运输机械作业,操作人员必须穿系带的高腰布面胶底防滑鞋,穿紧口工作服,戴手套;信号指挥人员应穿专用标志服装,强光环境条件下作业,应戴有色防护眼镜。

4.1.3 安全防护用品管理制度

施工单位应建立包括购置、验收、登记、发放、保管、使用、更换和报废等内容的安全防护用品管理制度,安全防护用品必须由专人管理,定期进行检查,并按照国家有关规定及时报废、更新。

(1) 安全防护用品的购置

购置安全帽、安全带等安全防护用品,施工单位应当查验其生产许可证和产品合格证。经查验,不符合国家或行业安全技术标准的产品,不得购置。

(2) 安全防护用品的发放

安全防护用品的发放和管理,坚持"谁用工谁负责"的原则。施工作业人员所在施工单位必须按国家规定免费发放安全防护用品,更换已损坏或已到使用期限的安全防护用品,不得收取或变相收取任何费用。安全防护用品必须以实物形式发放,不得以货币或其他物品替代。

(3) 安全防护用品的检查

施工单位对安全防护用品要定期进行检验,发现不合格产品应及时进行更换。

4.2 常用的个人安全防护用品

建筑施工现场常用的个人安全防护用品主要包括安全帽、安全带以及安全防护鞋、防护眼镜、防护手套、防尘口罩等。

4.2.1 安全帽

安全帽是指对人头部受坠落物及其他特定因素引起的伤害起防护作用的帽。有帽壳、帽衬、下颏带和附件组成。帽壳使用的材质主要有低压聚乙烯、ABS（工程塑料）、玻璃钢以及竹藤等。

（1）使用范围

进入建筑施工现场的所有人员都必须佩戴安全帽。

（2）使用前检查

安全帽在佩戴使用前,应对以下主要项目进行检查,发现不符合要求的,应立即更换：

1）是否有产品合格证;

2）帽壳是否有破损、龟裂、下凹、裂痕和磨损;

3）帽衬的帽箍、吸汗带、缓冲垫和衬带等部件是否齐全有效;

4）下颏带的系带、锁紧卡等部件是否齐全有效。

（3）使用注意事项

1）使用前应根据自己头型将帽箍调效至适当位置,避免过松或过紧;

2）将帽衬衬带位置调节好并系牢,帽衬的顶端与帽壳内顶之间应保持 20～50mm 的空间；

3）安全帽的下颏带必须扣在颏下，并系牢，松紧要适度，以防帽子滑落、碰掉；

4）帽壳设有通气孔的安全帽，使用时不能为了透气而随便再行开孔；

5）安全帽不得擅自改装；

6）不得在安全帽内再佩戴其他帽子；

7）安全帽不用时，不易长时间地在阳光下曝晒，需放置在干燥通风的地方，远离热源；

8）低压聚乙烯、ABS（工程塑料）安全帽不得用热水浸泡，不得放在暖气片上、火炉上烘烤，以防帽体变形；

9）使用过程中要经常进行外观检查，如果发现帽壳与帽衬有异常损伤或裂痕，或帽衬与帽壳内顶之间的间距达不到标准要求的，不得继续使用。

4.2.2 安全带

安全带是指高处作业人员预防坠落的防护用品，由带子、绳子和金属配件组成。安全带按使用方式，分为围杆安全带、悬挂安全带和攀登安全带三类。

（1）使用范围

建筑施工处于高处作业状态，如脚手架、模板支架的搭设，大型设备及施工机械的安装等，且在下列情况下进行作业时，必须系好安全带：

1）高度超过 2m 的悬空作业；

2）倾斜的屋顶；

3）平屋顶，在离屋顶边缘或屋顶开口 1.2m 内未设置防护栏杆时；

4）任何悬吊的平台或工作台；

5）任何护栏、铺板不完整的脚手架上；

6）接近屋面或楼面开孔附近的梯子上；

7）在高处外墙安装门、窗，无外脚手架和安全网时；

8）高处作业无可靠防坠落措施时。

（2）使用前的检查

安全带在使用前，应对以下主要项目进行检查，发现不符合要求的，不得使用，并立即更换：

1）安全带的部件是否完整，有无损伤；

2）金属配件的卡环是否有裂纹，卡簧弹跳性是否良好；

3）绳带有无变质。

（3）使用的注意事项

1）佩带安全带时，要束紧腰带，腰扣组件必须系紧系正；

2）悬挂安全带应高挂低用，不得低挂高用；

3）不得将绳打结使用，也不得将钩直接挂在安全绳上使用；

4）安全带要拴挂在牢固的构件或物体上，防止摆动或碰撞；

5）高处作业如无固定拴挂处，应采用适当强度的钢丝绳或安全栏杆等方式设置挂安全带的安全拉绳，禁止将安全带挂在移动、带尖锐棱角或不牢固的物件上；

6）安全带严禁擅自接长使用，如使用 3m 及以上的长绳时，必须加上缓冲器、自锁器或防坠器等；

7）安全带上的各种部件不得任意拆除，更换新绳时要注意加绳套；

8）安全带绳保护套要保持完好，以防绳被磨损，若发现保护套损坏或脱落，必须加上新套后再使用；

9）要注意维护和保管，不得接触高温、明火、强酸、强碱或尖锐物体，不要存放在潮湿的场所；

10）安全带在使用后，要经常检查安全带缝制和挂钩部分，必须详细检查捻线是否发生裂断和残损等；

11）安全带在使用两年后应抽验一次，频繁使用应经常进行外观检查，发现异常必须立即更换。

4.2.3 安全防护鞋

安全防护鞋鞋底一般采用聚氨酯材料一次注模成型，具有耐油、耐磨、耐酸碱、绝缘、防水、轻便等优点。安全防护鞋的选用应根据工作环境的危害性质和危害程度进行。安全防护鞋应有产品合格证和产品说明书。使用前应对照使用的条件阅读说明书，使用方法要正确。建筑施工现场上常用的有绝缘鞋（靴）、防刺穿鞋、焊接防护鞋、耐酸碱橡胶靴及皮安全鞋等。安全防护鞋的选择和使用应符合下列要求：

（1）安全防护鞋除了须根据作业条件选择适合的类型外，还要挑选合适的鞋号；

（2）各种不同性能的安全防护鞋，要达到各自防护性能的技术指标，如脚趾不被砸伤，脚底不被刺伤，绝缘导电等要求；

（3）使用安全防护鞋前要认真检查或测试，在电气和酸碱作业中，破损和有裂纹的安全防护鞋都是有危险的；

（4）用后应检查并保持清洁，存放于无污染、干燥的地方。

4.2.4 防护眼镜

防护眼镜又称劳保眼镜，主要作用是防护眼睛和面部免受紫外线、红外线和微波等电磁波的辐射，粉尘、烟尘、金属和砂石碎屑以及化学溶液溅射的损伤。建筑施工现场使用的防护眼镜主要有两种，一种是防固体碎屑的防护眼镜，主要用于防止金属或砂石碎屑等对眼睛的机械损伤；另一种是防辐射的防护眼镜，用于防止过强的紫外线等辐射线对眼睛的危害。防护眼镜和面罩的使用应注意以下事项：

（1）选用具有产品合格证的产品；

（2）护目镜的宽窄和大小要适合使用者的脸型；

（3）镜片磨损粗糙、镜架损坏，会影响操作人员的视力，应及时调换；

（4）护目镜要专人使用，防止交叉传染眼病；

（5）焊接护目镜的滤光片和保护片要按作业需要选用和更换；

（6）防止重摔重压，防止坚硬的物体磨损镜片。

4.2.5 防护手套

（1）防护手套的种类

建筑施工现场常用的防护手套有下列几种：

1）劳动保护手套：一般作业人员经常使用的手套，主要是为了防止手臂碰伤、划伤，起防滑、保温作用；

2）绝缘手套：建筑电工带电作业时使用的手套；

3）耐酸、耐碱手套：接触酸、碱作业时使用的手套；

4）焊工手套：焊工作业时使用的防护手套。

（2）防护手套的选用和使用

1）防护手套的品种很多，首先应明确防护对象，根据防护功能来选用，切记不要误用；

2）耐酸、耐碱手套使用前应仔细检查表面是否有破损，采取简易办法是向手套内吹口气，用手捏紧套口，观察是否漏气，漏气则不能使用；

3）绝缘手套要根据电压等级选用，使用前应检查表面有无裂痕、发黏、发脆等缺陷，如有异常则禁止使用；

4) 焊工手套应有足够的长度,使用前应检查皮革或帆布表面有无僵硬、磨损、洞眼等残缺现象;

5) 橡胶、塑料等防护手套用后应冲洗干净、晾干,并撒上滑石粉以防粘连,保存时避免高温。

4.2.6 防尘口罩

防尘口罩是防止或减少空气中粉尘进入人体呼吸器官,从而保护作业人员身体健康和生命安全的个体保护用品。目前的防尘口罩大多采用内外两层无纺布、中间一层过滤布(熔喷布)构造而成。

(1) 防尘口罩的适用范围

1) 钢筋除锈作业;

2) 淋灰、筛灰作业;

3) 搅拌混凝土作业;

4) 石材加工作业;

5) 木材加工机械作业;

6) 封闭室内或容器内的焊接作业。

(2) 防尘口罩的选用

1) 有效性。能有效地阻止粉尘进入呼吸道。

2) 适合性。要和脸型相适应,最大限度地保证空气不会从口罩和面部的缝隙不经过口罩的过滤进入呼吸道。

3) 舒适性。既能有效阻止粉尘,又要呼吸顺畅,保养方便。

(3) 防尘口罩的使用

防尘口罩的使用应注意以下几点:

1) 仔细阅读使用说明,了解适用性和防护功能,使用前应检查是否完好;

2) 进入危害环境前,应正确佩戴好防尘口罩,进入危害环境后应始终坚持佩戴；

3）部件出现破损、断裂和丢失，以及明显感觉呼吸阻力增加时，应废弃整个口罩。

4）发现口罩有失效迹象时，按照使用说明及时更换；

5）防止挤压变形、污染进水；

6）使用后要仔细保养，防尘过滤布不得水洗。

5 高处作业安全知识

高处坠落事故是目前建筑施工中发生频率最高的伤亡事故。因此,增强高处作业安全意识,落实临边洞口防护措施,提高施工现场管理水平,是建筑安全生产的重要课题。

5.1 高处作业知识概述

5.1.1 高处作业

作业区各作业位置至相应坠落高度基准面的垂直距离中的最大值,称为该作业区的高处作业高度,简称作业高度。所谓坠落高度的基准面,是指通过可能坠落范围内最低处的水平面,即最低着落点所处的水平面。

凡在坠落高度基准面 2m 以上(含 2m)有可能坠落的高处进行的作业均称为高处作业。

当发生相对落差在 2m 及以上的高处坠落时,一般情况下会引起伤残或死亡,需要采取必要措施防止坠落发生。

无论作业位置在多层、高层或是平地,都有可能处于高处作业的场合,尤其在建建筑物的楼梯边、阳台边、电梯井道、各类门窗洞口以及基坑边、池槽边等处,作业高度大多在 2m 以上,大多数情况下属于高处作业。

5.1.2 高处作业分级

坠落高度越高,坠落时的冲击能量越大,造成的伤害越大,危险性也越大。同时,坠落高度越高,坠落半径也越大,坠落时的影响范围也越大,因此对不同高度的高处作业,防护设施的设置、事故处理的分析等均有不同。

按照现行国家标准《高处作业分级》(GB/T 3608)的规定,高处作业按作业点可能坠落的坠落高度划分,分为四个级别:

一级高处作业,坠落高度在2~5m;

二级高处作业,坠落高度在5~15m;

三级高处作业,坠落高度在15~30m;

四级高处作业,坠落高度大于30m。

5.1.3 坠落半径

以作业位置为中心,可能坠落范围半径为半径划成的与水平面垂直的柱形空间,称为可能坠落范围。

为确定可能坠落范围而规定的相对于作业位置的一段水平距离称为可能坠落范围半径。其大小取决于作业现场的地形、地势或建筑物分布等有关的基础高度。

一级高处作业的坠落半径为3m;

二级高处作业的坠落半径为4m;

三级高处作业的坠落半径为5m;

四级高处作业的坠落半径≥6m。

在坠落半径内的工棚、设备和人员应当加强防护,防止落物击砸。

5.1.4 高处作业分类

按高处作业的环境条件如气象、电源、突发情况等，又可将高处作业分为一般高处作业及特殊高处作业。

特殊高处作业是在危险性较大、较复杂的环境下进行的高处作业。特殊高处作业又可分为以下八类：

（1）强风高处作业，在阵风风力（风速8.0m/s）以上的情况下进行的高处作业；

（2）异温高处作业，在高温或低温环境下进行的高处作业；

（3）雪天高处作业，降雪时进行的高处作业；

（4）雨天高处作业，降雨时进行的高处作业；

（5）夜间高处作业，室外完全采用人工照明时进行的高处作业；

（6）带电高处作业，在接近或接触带电体条件下进行的高处作业；

（7）悬空高处作业，在无立足点或无可靠立足点条件下进行的高处作业；

（8）抢救高处作业，对突发的各种灾害事故进行抢救的高处作业。

除了以上八类情况属于特殊高处作业，其他正常作业环境下的各项高处作业都属于一般高处作业。

5.1.5 引起高处坠落的因素

在高处作业，许多因素容易引起坠落。直接引起坠落的客观危险因素大致有：

（1）阵风，风力五级（风速8.0m/s）以上；

(2) 高温条件下的作业；

(3) 平均气温等于或低于5℃的作业环境；

(4) 接触冷水温度等于或低于12℃的作业；

(5) 作业场地存在冰、雪、霜、水、油等易滑物；

(6) 作业场所光线不足，能见度差；

(7) 接近或接触危险电压带电体；

(8) 摆动，立足处不是平面或只有很小的平面，致使作业者无法维持正常姿势；

(9) 存在有毒气体或空气含氧量较低的环境作业；

(10) 处抢救突发事件状态；

(11) 超强度体力劳动。

5.2 建筑施工高处作业的安全措施

高处作业的安全技术措施及其所需料具必须列入工程的施工组织设计，施工前应针对高处作业技术要求逐级进行安全教育及技术交底，落实所有安全技术措施和防护用品。

5.2.1 高处作业技术措施

(1) 设置安全防护设施，如防护栏杆、挡脚板、洞口的封口盖板、临时脚手架和平台、扶梯、防护棚（隔离棚）、安全网等。

(2) 设置通信装置，如为塔式起重机司机配备对讲机。

(3) 高处作业周边部位设置警示标志，夜间挂有红色警示灯。

(4) 设置足够的照明。

(5) 穿防滑鞋，正确佩戴和使用安全帽、安全带等安全防护用具。

（6）设置供作业人员上下的扶梯和斜道。

5.2.2 高处作业的管理措施

（1）凡从事高处作业的人员，应经体检合格，达到法定劳动年龄，具有一定的文化程度，接受安全教育。从事架体搭设、起重机械拆装等高处作业的人员还应取得特种作业人员操作资格证书。

（2）因作业需临时拆除或变动安全防护设施时，必须经有关负责人同意并采取相应的可靠措施，作业后应立即恢复。

（3）遇有六级（风速 10.8m/s）以上强风、浓雾等恶劣气候，不得进行露天高处作业。

（4）严禁高处抛掷作业工具、材料等。

（5）严禁跨越或攀登防护栏杆以及脚手架和平台等临时设施的杆件。

（6）雨天和雪天进行高处作业时，必须采取可靠的防滑、防寒和防冻措施，凡水、冰、霜、雪均应及时清除。

（7）加强安全巡查。

5.2.3 防护设施验收检查

高处作业的安全防护设施，必须按有关规定、分类别进行逐项检查和验收，验收合格后方可进行高处作业。

防护设施可按工程进度分阶段进行验收。经验收检查不合格，必须按时整改，复查合格后方可进入作业。

施工期内，应对高处作业防护设施进行各项检查，发现有松动、变形、损坏或脱落等现象应立即修理完善：

(1) 定期检查；

(2) 复工检查，春季及停止施工较长时间复工前的检查；

(3) 专项检查，暴风雪及台风、暴雨后进行的检查。

5.3 建筑施工高处作业

建筑施工的高处作业主要包括临边及洞口作业、攀登及悬空作业和操作平台及交叉作业等。

5.3.1 临边作业

在施工现场，坠落高度在2m及以上的作业面，如边缘无围护设施或有围护设施但其高度低于800mm时，这类作业称为临边作业。

(1) 常见的临边部位

建筑施工现场临边作业，一般在以下四种常见的部位：

1) 在建工程的楼层、屋面、楼梯口、阳台、雨篷、挑檐等边缘；

2) 土方开挖形成的基坑（槽、沟）、深基础等周边；

3) 辅助设施，如水箱、水塔、池槽等周边；

4) 设备安装处，如电梯井道，垃圾井道，施工升降机和物料提升机等垂直运输设备与各层面接口的通道边缘、接料平台等。

(2) 防护设施

临边作业的主要防护设施是防护栏杆和安全网。

临边防护用的栏杆是由栏杆立柱和上下两道横杆组成，上横杆称为扶手。上横杆离地高度为1.0～1.2m，下横杆离地高度为

0.5~0.6m。临边作业的防护栏杆应能承受1000N的外力撞击。当横杆长度大于2m时，应当加设栏杆立柱。

在建筑施工现场用来防止人、物坠落或用来避免、减轻坠落及物体打击伤害的网具，统称安全网。安全网主要有平网和立网两种。水平方向安装，用来承接人和物坠落的垂直载荷的，称为安全平网；垂直方向安装，用来阻挡人和物坠落的水平载荷的，称为安全立网。

防护栏杆必须自上而下用安全立网封闭或在栏杆下边设置严密固定的高度不低于180mm的挡脚板或400mm的挡脚笆。对临街或人流密集处、斜坡屋面处、施工升降机的接料平台及通道两侧，应自上而下加挂密目安全网。

5.3.2 洞口作业

在建筑施工现场的洞口旁，且有2m及以上坠落高度的作业，统称为洞口作业。

（1）常见的洞口形式

1）水平面上的洞口，主要有各类地面、楼面、屋面、顶盖上的洞口，如楼面各种预留洞口、预制楼板拼缝、沟槽、化粪池、钢管桩及灌注桩口等；

2）垂直面上的洞口，主要有各类墙面上的洞口，如门洞、窗洞、墙板预留洞口等；

3）设备安装预留洞口，既有水平面上的洞口，如大型化工设备、锅炉等穿楼板预留洞口；也有垂直面上的洞口，如电梯预留门洞、物料提升机和施工升降机的上料口等。

（2）洞口防护

洞口作业的防护措施，主要有设置封口盖板、防护栏杆、栅门、格栅及架设安全网等方式。

1）水平面上的洞口，应按口径大小设置不同的封口盖板。25～50cm的较小洞口、安装预制件的临时洞口，一般可用竹、木盖板封口；50～150cm较大的洞口，可用钢管扣件设置的网格或钢筋焊接成的网格，网格间距不大于20cm，然后盖上竹、木盖板并固定；边长大于150cm的大洞口应在四周设置防护栏杆，并在洞口下方设置安全平网。

2）垂直面上的洞口，一般采用工具式、开关式或固定式防护门，也可采用栏杆加挡脚板（笆）防护。

3）施工升降机、物料提升机吊笼上料通道口，应装设有联锁装置的安全门；接料平台接料口应当设可开启的栅门，不进出时应处于关闭状态。

4）电梯井口、立面洞口根据具体情况设防护栏或固定栅门、工具式栅门，电梯井内每隔两层或最多10m设一道安全平网。

5）安全通道附近的各类洞口与场地上深度在2m以上的洞口等处，除设置防护设施与安全标志外，夜间还应设红灯示警。

5.3.3 攀登作业

在施工现场，凡借助于登高工具或设施，在攀登条件下进行的高处作业，统称为攀登作业。由于人体在高空中且处于不断的移位活动状态，所以攀登作业有很大的危险性。在建筑施工现场，攀登作业使用的主要工具是梯子。

（1）登高用梯的种类

登高作业使用的梯子主要有移动梯、折梯、固定梯和挂梯四类。

1）移动梯，是应用最频繁的一种梯子，具有搬动方便、使用灵活、登高高度较高等优点，但受工作倾角的限制，有一定的危险性。

2）折梯，是移动梯的一种特殊形式，因可折叠而得名，俗称"八字梯"、"趴脚梯"。由于有较大的支撑面积，所以具有较好的稳定性和较高的安全性，但受到折叠角度及梯子自重的限制，一般可登高度较低。

3）固定梯，在配电房、水塔、锅炉房、钢柱等结构物的侧立面上，以及大型起重机械如塔式起重机的塔身内侧，为了装拆、使用、维修、保养等安装、制作的直爬型扶梯。固定梯一般采用钢材制作，梯宽不大于50cm。

4）挂梯，在消防救灾、脚手架等临时设施的施工中，挂置使用的梯子，具有轻巧灵活的特点，一般用钢材或轻合金制作。

（2）登高用梯应注意的事项

1）外购扶梯，必须符合有关标准的要求；

2）踏板间距宜在30cm左右，不得有缺档；

3）踏板应当采用具有防滑性能的材料；

4）踏板承载能力不得小于1100N；

5）移动梯可接高使用，但只能接高一次。接高后连接部位的承载能力不得小于1100N；

6）移动梯、折梯在使用中，不得用凳子、木箱等临时垫高；

7）上下梯子时，必须面向梯子，一般情况下不得手持器物；

8）梯子应当设置在周围相应的坠落半径外；

9）使用移动梯和折梯时，旁边应另有人看管、监护。

（3）攀登作业的安全要求

1）钢结构和机械设备的安装需登高时，必须借助扶梯、平台等设施，并在规定的通道内行走。不得利用建筑物阳台、起重机及升降机等施工设备、脚手架杆件等非正规通道进行攀登。

2）扶梯的结构、强度、刚度及使用性能应符合有关规定。

3）钢柱安装登高时，应使用钢挂梯、钢柱上的爬梯或操作平台。

4）钢梁安装时，应在两端设置挂梯或搭设临时脚手架，需在梁面上行走时，可设置钢索扶手，其垂度应不大于长度的1/20，并不大于10cm。

5）钢屋架吊装时，应在屋架两端设置上下用扶梯；屋架上弦处预设防护栏杆，下弦处张挂安全网，并在吊装完毕后将安全网重新固定。

5.3.4 悬空作业

施工现场，在周边临空状态，无立足点或无牢固可靠立足点的条件下进行的高处作业，称为悬空作业。

（1）悬空作业的类别

建筑施工现场悬空作业主要有以下六大类：

1）构件吊装与管道安装；

2）模板及支架系统的搭设与拆卸；

3）钢筋绑扎和安装钢骨架；

4）混凝土浇筑；

5）预应力现场张拉；

6）门窗安装作业等。

（2）悬空作业应当注意的安全事项

1）构件吊装与管道安装。钢结构吊装前应尽可能先在地面上组装构件，尽量避免或减少在悬空状态下作业，搭设好进行悬空作业所需要的安全设施；管道安装时，严禁在管道上行走、站立或停靠。

2）模板及支架系统的搭设与拆卸。模板未固定前不得进行下一道工序。严禁在连接件和支撑上攀登上下，严禁在上下同一垂直面上装、拆作业。支设悬挑形式的模板时，应有稳固的立足点，支设临空构筑物模板时，应搭设支架或脚手架。模板上留有预留洞时,应在安装后将洞口覆盖。拆模的高处作业,应配置登高用具或搭设临时支架。

3)钢筋绑扎。进行钢筋绑扎和安装钢筋骨架的高处作业,应当搭设操作平台并挂安全网。为悬空的梁作钢筋绑扎时,作业人员应站在脚手架或操作平台上进行操作。绑扎柱和墙的钢筋时,不得在钢筋骨架上站立或攀登上下。

4)混凝土浇筑。浇筑离地面高度 2m 以上的框架、过梁、墙板、柱子、雨篷和小面积平台等,应搭设操作平台,操作人员不得站在模板上或支撑系统的杆件上进行操作;浇筑拱形结构,应从结构两边的端部对称、相向进行;浇筑储仓,下口应当先封闭;特殊情况下如无可靠的安全设施,必须系好安全带并扣好保险钩或架设安全网。

5)预应力张拉。在进行预应力张拉的悬空作业时,应搭设、设置站立操作人员和放置张拉设备用的脚手架或操作平台。在预应力张拉区域,应悬挂明显的安全标志,禁止非操作人员进入,张拉钢筋的两端必须设置挡板。

6)门窗安装悬空作业。安装门、窗、油漆及安装玻璃时,操作人员不得站在樘子或阳台栏板上作业。当门、窗固定、封填材料尚未达到其应有强度时,不得手拉门、窗进行攀登。另外,安装外墙门、窗时,作业人员一定要先系好安全带,将安全带钩挂在操作人员上方牢固的物体上,并设专门人员加以监护,以防脱钩酿成事故。

7)悬空作业所使用的安全带挂钩、吊索、卡环和绳夹等必须符合相应规范的规定和要求。

5.3.5 操作平台

在施工现场常搭设各种临时性的操作台、架,用于砌筑、浇注、装修和设备安装等作业。在建筑施工现场，凡在一定工期内，用于承载物料、为作业人员提供操作活动空间的平台，统称为操作平台。

施工现场常用的操作平台主要有移动式和悬挑式两种。

(1) 操作平台的使用要求

1) 操作平台的制作，应由专业技术人员按现行规范设计、计算，并编入施工组织设计；

2) 在操作平台的显著位置标明允许的荷载值，严防超载使用；

3) 操作平台应具有足够的强度、刚度和稳定性，使用中不得晃动；

4) 应配备专人对操作平台的使用情况加以监督。

(2) 移动式操作平台

常用于结构施工、装修工程及水电安装等作业，可以搬移。一般可采用竹、木、型钢、钢管等材料制作成梁板结构形式。移动式操作平台的面积不应超过 $10m^2$，高度不应超过 5m。操作平台四周必须按临边作业要求设置防护栏杆，并按登高作业要求配置扶梯。移动式平台可装设轮子，定位作业时，前后左右的轮子应有锁紧或垫紧斜楔等防滑措施。

(3) 悬挑式操作平台

用于接送、转运物料等，通常为型钢制作的梁板结构，制作后可整体搬运及吊装。使用时一边搁支于楼面上，另一头用钢丝绳吊挂在建筑结构上。悬挑式操作平台具有操作面积大、承载力大和可周转使用等特点。悬挑式操作平台的设计应符合相应的设计规范，搁支点和上端吊挂点，都必须设在可靠的建筑物结构上，不得设置在脚手架等任何施工设施上；操作平台的临边应设置防护栏杆，在显著位置悬挂限载标志，不得超过设计允许载荷使用。

除了移动式和悬挑式外，建筑施工现场还有塔式可移动操作台、多级缸液压升降操作台、液压折叠式升降操作台等，适用于大型建筑的大厅顶面、内外墙面的保洁、电器维修、设施安装等。

5.3.6 交叉作业

施工现场上下不同层次，在空间贯通状态下同时进行的高处作业，称为交叉作业。

在建筑施工现场，往往上层结构还未完工，下层就开始砌筑填充墙、进行设备安装、装饰装修、物料运送等作业，人员频繁走动，极易造成坠物伤人事故。因此，交叉作业中应注意以下几项安全措施：

（1）支模、砌筑、粉刷等立体交叉施工时，任何时间、场合都不允许在同一垂直方向进行作业。上下操作隔断的横向安全距离，应大于相应高度的坠落半径。

（2）拆卸模板、脚手架、起重机械时，应在地面上设置警戒区，并设专人监护，警戒区内不得有其他人员进入和停留。

（3）临时堆放的拆卸器具、部件、物料等，离作业处边缘的距离不得小于1m，堆放高度不得超过1m。

（4）结构施工自二层起，有交叉施工的场合，应按规定设置安全平网；人员进出的通道口（包括物料提升机和施工升降机的进出料通道口）应设置安全通道；塔式起重机回转半径以内区域的加工作业区，应当设置防护棚（隔离棚）。

（5）防护棚（隔离棚）、安全通道的顶部，防穿透能力应不小于安全平网的防护能力；达到一定高度的交叉作业，防护棚（隔离棚）、安全通道的顶部应设置双层防护。

6 施工现场消防知识

建筑施工现场存有大量的易燃物品,许多工序需要明火施工,多工种立体交叉作业现象较普遍。特别是在外墙保温和装饰装修工程中,大量使用易燃材料,稍有不慎,极易发生火灾事故。作为一名建筑施工特种作业人员必须具备一定的施工现场消防知识。

6.1 消防知识概述

6.1.1 消防工作方针

我国消防工作方针是"以防为主,防消结合"。

"以防为主"就是在消防工作中要把预防火灾的工作放在首位,积极开展防火安全教育,提高人民群众对火灾的警惕性;健全防火组织,严密防火制度;经常进行防火检查,消除火灾隐患,把可能引起火灾的因素消灭,减少火灾事故的发生。

防消结合,就是在积极做好防火工作的同时,在组织上、思想上、物质上和技术上做好灭火战斗的准备,一旦发生火灾,能够迅速、及时、有效地将火扑灭。

"防"和"消"是相辅相成的两个方面,是缺一不可的。因此,要积极做好"防"和"消"两个方面的工作,不可偏废任何一方。

6.1.2 起火条件

在一定温度下，与空（氧）气或其他氧化剂进行剧烈化学反应而发生的热效发光现象的过程称为燃烧，俗称起火。任何燃烧事件的发生必须具备以下三个条件：

（1）存在能燃烧的物质。凡能与空气中的氧或其他氧化剂起剧烈化学反应的物质，都可称为可燃物质，如木材、油漆、纸张、天然气、汽油、酒精等。

（2）有助燃物。凡能帮助和支持燃烧的物质都叫助燃物，如空气、氧气等。

（3）有能使可燃物燃烧的火源，如火焰、火星和电火花等。

只有上述三个条件同时具备，并相互作用才能燃烧、起火。

自燃是指可燃物质在没有外来热源的作用下，由其本身所进行的生物、物理或化学作用而产生热，当达到一定的温度时，发生的自动燃烧现象。在一般情况下，能自燃的物质有植物产品、油脂、煤及硫化铁等。

6.1.3 动火区域

根据工程选址位置、周围环境、平面布置、施工工艺和施工部位不同，建筑施工现场动火区域一般可分为三个等级。

（1）一级动火区域，也称为禁火区域。在建筑施工现场凡属下列情况之一的，均属一级动火区域：

1）在生产或者贮存易燃易爆物品场区内进行施工作业；

2）周围存在生产或贮存易燃易爆品的场所，在防火安全距离范围内进行施工作业；

3）施工现场内贮存易燃易爆危险物品的仓库、库区；

4）施工现场木工作业区，木器原料、成品堆放区；

5）在密闭的室内、容器内、地下室等场所，进行配制或者调和易燃易爆液体和涂刷油漆等作业。

（2）凡属下列情况之一的，均属二级动火区域：

1）禁火区域周围动火作业区；

2）登高焊接或者金属切割作业区；

3）木结构或砖木结构临时职工食堂的炉灶处。

（3）凡属下列情况之一的，均属三级动火区域：

1）无易燃易爆危险物品处的动火作业；

2）施工现场燃煤茶炉处；

3）冬季燃煤取暖的办公室、宿舍等生活设施。

在一、二级动火区域施工，必须认真遵守消防法规，严格按照有关规定，建立健全防火安全制度。动火作业前必须按照规定程序办理动火审批手续，取得动火证；动火证必须注明动火地点、动火时间、动火人、现场监护人、批准人和防火措施。没经过审批的，一律不得实施明火作业。

6.1.4 火灾等级

按照事故伤亡和经济损失程度，火灾分为特别重大火灾、重大火灾、较大火灾和一般火灾四个等级，其等级标准分别为：

（1）特别重大火灾：造成30人以上死亡，或者100人以上重伤，或者1亿元以上直接财产损失的火灾；

（2）重大火灾：造成10人以上30人以下死亡，或者50人以上100人以下重伤，或者5000万元以上1亿元以下直接财产损失的火灾；

（3）较大火灾：造成3人以上10人以下死亡，或者10人以上50人以下重伤，或者1000万元以上5000万元以下直接财产损失的火灾；

（4）一般火灾：造成3人以下死亡，或者10人以下重伤，或者1000万元以下直接财产损失的火灾。

6.1.5 火灾险情处置

在施工现场发生火灾时，应一方面迅速报警，一方面组织人力积极扑救。

（1）火灾处置的基本原则

1）先控制，后消灭；

2）救人重于救火；

3）先重点，后一般；

4）正确使用灭火器材。

（2）火灾处置的基本要点

1）立即报告。无论在任何时间、地点，一旦发现起火都要立即报告工程项目消防安全领导小组。

2）集中力量。主要利用灭火器材，控制火势，集中灭火力量在火势蔓延的主要方向进行扑救以控制火势蔓延。

3）消灭飞火。组织人力监视火场周围的建筑物、物料堆放等场所，及时扑灭未燃尽飞火。

4）疏散物料。安排人力和设备，将受到火势威胁的物料转移到安全地带，阻止火势蔓延。

5）积极抢救被困人员。人员集中的场所发生火灾，要有熟悉情况的人做向导，积极寻找和抢救被围困的人员。

（3）火灾救助

发生火灾时，应立即报警。我国火警电话号码为"119"。火警电话拨通后，要讲清起火的单位和详细地址，讲清起火的部位、燃烧的物质和火灾的程度以及着火的周边环境等情况，以便消防部门根据情况派出相应的灭火力量。

报警后，起火单位要尽量迅速地清理通往火场的道路，以便消防车能顺利迅速地进入扑救现场。同时，并应派人在起火地点的附近路口或单位门口迎候消防车辆，使之能迅速准确地到达火场，投入灭火战斗。

6.2 施工现场消防器材配置和使用

6.2.1 消防器材分类

(1) 灭火剂的分类

可用于灭火的物质有很多种，常使用的灭火剂有水、泡沫、二氧化碳、四氯化碳、卤化烷、干粉、惰性气体等。

灭火剂是通过灭火设备、器材来施放和喷射的。为了有效地扑救火灾，应根据燃烧物质的性质和火势发展情况，选用适合的足量的灭火剂。

1) 泡沫灭火剂

泡沫是一种体积较小，表面被液体围成的气泡群，是扑救易燃、可燃液体火灾的有效灭火剂，有化学泡沫和空气泡沫两种类型。

化学泡沫，是由两种化学泡沫粉的水溶液混合在一起，经化学反应生成的。

空气泡沫，是泡沫生成剂和水按一定比例混合，经机械作用，吸入了大量的空气而生成的，因此也称为机械泡沫。

2) 二氧化碳灭火剂

二氧化碳灭火剂在消防工作上有较广泛的应用。

二氧化碳气体，不燃烧，也不助燃，所以在燃烧区内能够稀释空气，减少空气的含氧量，从而降低燃烧强度，直至使燃烧熄灭。

灭火用的二氧化碳灭火剂是以液态灌装在钢瓶内的。当二氧化碳从钢瓶内释放出时，迅速气化蒸发，体积扩大 400～500 倍，同时温度急剧降低到 $-78℃$ 左右，不但能够灭火，还具有一定的冷却作用。

由于二氧化碳灭火剂不导电、不含水分、不污损仪器设备等，因此适用于扑救电气设备、精密仪器、图书档案等火灾。但是由于二氧化碳与一些金属化合时，金属能夺取二氧化碳中的氧而继续燃烧，故二氧化碳灭火剂不能扑救金属钾、钠、镁和铝等物质的火灾。此外，二氧化碳也不易扑灭某些能够在惰性介质中燃烧的物质（如硝酸纤维）和物质内部的阴燃。

3) 1211 灭火剂

使用 1211 灭火剂的灭火器，使用轻便，保养简单。平时只要放在阴凉、干燥、无腐蚀性气体存在的场所，就能长期有效。

与二氧化碳灭火剂类似，1211 灭火剂不能用来扑救本身就可供氧的化学物质（如硝酸纤维等）、金属钾、钠以及金属氢化物的火灾。

4) 化学干粉

干粉的种类很多，按使用范围分为如下几种：

1) BC 类干粉，是以碳酸氢钠、碳酸氢钾、氯化钾为主要成分的化学干粉。适用于扑救易燃气体、液体和电气设备的火灾。

2) ABCD 类干粉，是以硫酸铵、硫酸氢铵、磷酸二氢铵为主要成分的化学干粉，它适用于扑救多种火灾。

3) D 类干粉，是以氯化钠、碳酸钠、硼砂为主要成分的化学干粉，适用于扑救金属火灾。

化学干粉贮存在灭火器筒身内，在灭火时，由惰性气体加压，使化学干粉喷出，形成浓雾般的粉雾，覆盖燃烧面，中断燃烧的连锁反应，达到灭火的目的。

化学干粉灭火剂应存放在通风、干燥处，温度应保持50℃以下。

（2）水是不燃液体，它是最常用、来源最丰富、使用最方便的灭火剂，在扑灭火灾中应用得最广泛。但由于水通常属导电物质，不能用于扑救带电设备的火灾。

6.2.2 消防器具使用

建筑施工现场常用的消防器具有水池、消防沙、消防桶、消防铣、消防钩以及灭火器等。

（1）消防水池

消防水池与建筑物之间的距离，一般不得小于10m，在水池的周边留有消防车道。在冬季或者寒冷地区，消防水池应有可靠的防结冰措施。

（2）几种常见灭火器的性能、用途和使用方法

1）二氧化碳灭火器：使用液态二氧化碳灭火剂，可用于扑救电气精密仪器、油类和酸类火灾；不能扑救钾、钠、镁、铝物质火灾；射程约3m，使用时一手拿喇叭筒对着火源，另一手打开开关。

2）四氯化碳灭火器：使用四氯化碳液体；可用于扑救电气设备火灾；不能扑救钾、钠、镁、铝、乙炔、二硫化碳等火灾；射程约7m，使用时打开开关，液体即可喷出。

3）干粉灭火器：使用钾盐或钠盐干粉灭火剂，盛装在有压缩气体的小钢瓶内，可用于扑救电气设备火灾及石油产品、油漆、有机溶剂、天然气火灾，不宜扑救电机火灾；射程约4.5m，使用时提起圈环，干粉即可喷出。

4）1211灭火器：使用二氟一氯一溴甲烷灭火剂，并充填压缩氮；可用于扑救电气设备、油类、化工化纤原料初起火灾；射程约2.5m，使用时拔下铅封或横销，用力压下压把即可。

6.2.3 施工现场灭火器配备

（1）总平面超过1200m^2的大型临时设施，应当按照消防要求配备灭火器，并根据防火的对象、部位，设立一定数量、容积的消防水池，配备不少于4套的取水桶、消防铣、消防钩。同时，要备有一定数量的黄沙池等器材、设施，并留有消防车道。

（2）一般临时设施区域，配电室、动火处、食堂、宿舍等重点防火部位，每100m^2的应当配备两个10L灭火器。

（3）临时木工间、油漆间、机具间等，每25m^2应配备一个种类合适的灭火器；油库、危险品仓库、易燃堆料场应配备数量足够、种类适合的灭火器。

6.3 施工现场的消防措施

6.3.1 消防组织管理措施

（1）建立消防组织体系

建筑施工现场应当成立以项目负责人为组长、各部门参加的消防安全领导小组，建立健全消防制度，组织开展消防安全检查，一旦发生火灾事故，负责指挥、协调、调度扑救工作。

（2）成立义务消防队

义务消防队由消防安全领导小组确定，发生火灾时，按照领导小组指挥，积极参加扑救工作。

(3) 编制消防预案

工程项目部应当根据工程实际情况,编制火灾事故应急救援预案,有效组织开展消防演练。

(4) 组织消防检查

安全部门负责日常监督检查工作,安全巡视的同时进行消防检查,推动消防安全制度的贯彻落实。

(5) 消防安全教育

施工现场项目部在安全教育的同时,开展形式多样的宣传教育,普及消防知识,提高员工防火警惕性。

(6) 建立动火审批制度

施工作业用火时,应当经施工现场防火负责人审查批准,领取动火证后,方可在指定的地点、时间内作业。

6.3.2 平面布置消防要求

(1) 施工现场要明确划分出禁火作业区、仓库区和生活办公区,各区域之间要有可靠的防火间距。

(2) 施工现场的道路应畅通,夜间要有足够的照明。

(3) 施工现场必须设置消防车通道,其宽度应不小于3.5m。

(4) 施工现场应设有足够的消防水源。

(5) 临时生活设施的规划和搭建,必须符合下列要求:

1) 临时生活设施应尽可能搭建在距离修建的建筑物20m以外的地区;

2) 临时宿舍与厨房、锅炉房、变电所和汽车库之间的防火距离不小于15m;

3) 临时宿舍距火灾危险性大的生产场所不得小于30m;

4) 在独立的场地上修建成批的临时宿舍,应当分组布置,并留有安全通道。

(6) 在施工现场明显和便于取用的地点配置适当数量的灭火器。

6.3.3 焊割作业防火安全要求

(1) 金属焊割作业时必须注意以下几个方面的问题：

1) 乙炔瓶应安装回火防止器，防止氧气倒回发生事故；

2) 乙炔瓶应放置在距离明火 10m 以外的地方，严禁倒放；

3) 使用时乙炔瓶和氧气瓶的距离不得小于 5m，不得放置在高压线下面或在太阳下曝晒；

4) 每天操作前都必须对乙炔瓶和氧气瓶进行认真的检查；

5) 电焊机应有良好的隔离防护装置，电焊机的绝缘电阻不得小于 $1M\Omega$；

6) 电焊机的接线柱、接线孔等应装在绝缘板上，并有防护罩保护；

7) 电焊机应放置在避雨干燥的地方；

8) 室内焊接时，电焊机的位置、线路敷设和操作地点的选择应符合防火安全要求，作业前必须进行检查，焊接导线要有足够的截面；

9) 严禁将焊接导线搭在氧气瓶、乙炔瓶、发生器、煤气、液化气等易燃易爆设备上。

(2) 金属焊割作业前要明确作业任务，认真了解作业环境，划定动火危险区域，并设立明显标志，危险区内的一切易燃易爆品都必须移走。

(3) 刮风天气，要注意风力的大小和风向变化，防止把火星吹到附近的易燃物上，必要时应派人监护。

(4) 进行高层金属焊割作业时，要根据作业高度、风向、风力划定火灾危险区域，大雾天气和六级风时应当停止作业。

6.3.4 木工作业防火安全要求

(1) 施工现场的木工作业场所,严禁动用明火;
(2) 木工作业场地和个人工具箱内要严禁存放油料和易燃易爆物品;
(3) 经常对作业场所的电气设备及线路进行检查,发现短路、电气打火和线路绝缘老化破损等情况及时维修;
(4) 熬水胶使用的炉子,应在单独房间里进行,用后要立即熄灭;
(5) 木工作业完工后,必须将现场清理干净,锯末、刨花要堆放在指定的地点。

6.3.5 电工作业防火安全要求

(1) 根据负荷合理选用导线截面,不得随意在线路上接入过多负载。
(2) 保持导线支持物良好完整,防止布线过松。
(3) 导线连接要牢固。
(4) 经常检查导线的绝缘电阻,保持绝缘层的强度和完整。
(5) 不应带电安装和修理电气设备。

6.3.6 油漆作业防火安全要求

油漆作业所使用的材料都是易燃易爆的化学材料。因此,无论是油漆的作业场地还是临时存放的库房,都严禁动用明火。室内作业时,一定要有良好的通风条件,照明电气设备必须使用防爆灯头,禁止穿钉子鞋出入现场,严禁吸烟,周围的动火作业要远离 10m 以外。

6.3.7 防腐作业防火安全要求

目前建筑工程采用的防腐蚀材料，多数都是易燃易爆的化学高分子材料，要特别注意防护安全。

（1）硫黄的熬制、贮存与施工时，要严格控制温度；贮存、运输和施工时，严禁与木炭、硝石相混。

（2）乙二胺是树脂类常用的固化剂，是一种挥发性很强的化学物质，遇火种、高温和氧化剂有燃烧的危险，与醋酸、醋酐、二硫化碳、氯磺酸、盐酸、硝酸、硫酸、过氧酸银等会发生非常剧烈的时反应。

1）应贮存在阴凉通风的仓库内，远离火种热源；

2）应与酸类、氧化剂隔离堆放；

3）搬运时要轻装轻卸，防止破损；

4）一旦发生火灾，要用泡沫、二氧化碳、干粉灭火剂以及砂土、雾状水灭火；

5）贮存、运输时一定将盖子盖好，不能漏气；

6）作业时严禁烟火，注意通风。

（3）树脂类防腐蚀材料施工时，要避开高温，不得置于太阳下长时间曝晒；作业场地和贮存库都要远离明火，贮存库要阴凉通风。

6.3.8 高层建筑施工防火安全要求

（1）已建成的建筑物楼梯不得封堵。

（2）脚手架内的作业层应畅通，并搭设不少于 2 处与主体建筑内相衔接的通道。

（3）脚手架外挂的密目式安全网，必须符合阻燃标准要求，严禁使用不阻燃的安全网。

（4）30m以上的高层建筑施工，应当设置加压水泵和消防水源管道，每层应设出水管口，并配备一定长度的消防水管。

（5）高层金属焊割作业应当办理动火证，动火处应当配备灭火器，并设专人监护，发现险情，立即停止作业，采取措施，及时扑灭火源。

（6）临时用电线路应使用绝缘良好的电缆，严禁将线缆绑在脚手架上。

（7）应设立防火警示标志。

（8）在易燃易爆物品处施工的人员不得吸烟和随便焚烧废弃物。

6.3.9 地下工程施工防火安全要求

（1）地下建筑施工应当保证通道畅通，通道处不得堆放障碍物。

（2）地下建筑室内不得贮存易燃易爆物品，不得在室内配制用于防腐、防水、装饰的危险化学品溶液。

（3）在进行防腐作业时，地下室内应采取一定的通风措施，保证空气流通；照明用电线路不得有接头或裸露部分，照明灯具应当使用防爆灯具；施工人员严禁吸烟和动火。

（4）地下建筑进行装饰时，不得同时进行水暖、电气安装的金属焊割作业。

（5）地下建筑室内施工时，施工人员应当严格遵守安全操作规程，易引发火灾的特殊作业，应设监护人，并配置必备的易燃易爆气体检测仪和消防器具，必要时应当采取强制通风措施。

6.3.10 施工现场生活区消防管理

(1) 生活区应当建立消防责任制。

(2) 在生活区内应设置消火栓或不小于 20m³ 容量的蓄水池蓄水。

(3) 每栋宿舍两端应当挂设灭火器,如宿舍较长还应在正面适当增挂。

(4) 严禁将易燃易爆物品带入宿舍。

(5) 宿舍内严禁私自乱接拉电线,严禁使用电炉等电加热器具。

(6) 夏天使用蚊香一定要放在金属盘内,并与可燃物保持一定距离。

(7) 宿舍内禁止乱丢烟头、火柴棒,不准躺在床上吸烟。

(8) 宿舍床下保持干净无杂物,禁止堆放废纸、包装箱等易燃物。

6.3.11 易燃易爆物品防火要求

(1) 对易引起火灾的仓库,应将库房内、外分段设立防火墙,划分防火单元。

(2) 仓库应设在水源充足、消防车能驶到的地方,同时,根据季节风向的变化,应设在下风方向。

(3) 贮量大的易燃易爆物品仓库,应与生活区和料具堆场分开布置。

(4) 易燃易爆物品仓库应设两个以上的大门,大门应向外开启。

(5) 易燃易爆物品堆料场,应当分类、分堆、分组和分垛存放，固体易燃物品应当与液体易燃易爆分开存放。

（6）在建的建筑物内不得存放易燃易爆物品，尤其是不得将木工加工区设在建筑物内。

（7）仓库保管员应当熟悉贮存物品的分类、性质、保管业务知识和防火安全制度，掌握消防器材的操作使用和维护保养方法，做好本岗位的防火工作。

（8）易燃易爆物品应当按照规定装卸。

（9）易燃易爆物品仓库应当按照规定进行用电管理。

7 施工现场安全用电知识

施工现场由于用电设备种类多、用电容量大、工作环境复杂，在电气线路的敷设、电气元件、线缆的选配及电气装置的设置等方面经常存在一些不足，容易引发触电伤亡事故。因此，加强施工现场临时用电管理，普及安全用电知识，规范施工作业用电，对保证施工安全具有十分重要的意义。

7.1 施工现场临时用电系统

7.1.1 施工现场用电特点

施工现场用电与一般工业或居民生活用电相比具有临时性、流动性和危险性。

（1）临时性。这主要是由施工工期决定的，有的工程工期只有几个月，有的工程可多达数年，工程竣工后用电设施就要拆除。

（2）流动性。伴随着施工进度，机械设备、施工机具、配电设备、照明器具移动频繁，手持电动工具使用较多。

（3）危险性。施工现场施工条件差，潮湿环境多，用电设备多，交叉作业多，湿作业多，供电线路复杂。

7.1.2 施工现场临时用电系统的特点

(1) 采用三级配电系统

施工现场临时用电,从电源进线开始至用电设备经总配电箱、分配电箱到开关箱,分三个层次逐级配送电力。

(2) 采用 TN-S 接零保护系统

施工现场临时用电工程的接地保护,采用的是保护零线(PE线)与工作零线(N线)分开设置,电源中性点直接接地的三相四线制低压电力系统。

(3) 采用二级漏电保护系统

在整个施工现场临时用电工程中,总配电箱中必须装设漏电保护器,所有开关箱中也必须装设漏电保护器。

(4) "一机一箱"制

在建筑施工现场,一般情况下每一台用电设备必须设有专用的控制开关箱,每一个开关箱只能用于控制一台用电设备。

7.2 施工现场的用电设备

用电设备是配电系统的终端设备,是最终将电能转化为机械能、光能等其他形式能量的设备。施工现场的用电设备基本上可分为电动机械、电动工具和照明器三大类。

7.2.1 电动机械

(1) 起重机械,包括塔式起重机、施工升降机、物料提升机等。

（2）桩工机械，包括各类打桩机、打桩锤和钻孔机等。

（3）夯土机械，包括电动蛙式夯、快速冲击夯等。

（4）焊接设备，包括电阻焊、埋弧焊等。

（5）其他电动建筑机械，包括混凝土搅拌机、混凝土振动器、地面抹光机、钢筋加工机械、木工机械、水泵等。

7.2.2 电动工具

主要指手持式电动工具，如电钻、电锤、电刨、切割机、热风枪等。手持式电动工具按电击保护方式，分为Ⅰ类工具、Ⅱ类工具和Ⅲ类工具。

（1）Ⅰ类工具（即普通型电动工具）。工具在防止触电的保护方面不仅依靠基本绝缘，而且它还包含一个附加的安全预防措施，其方法是将可触及的可导电的零件与已安装的固定线路中的保护（接地）导线连接起来，以这样的方法来使可触及的可导电的零件在基本绝缘损坏的事故中不成为带电体。这类工具一般都采用全金属外壳。

（2）Ⅱ类工具（即绝缘结构全部为双重绝缘结构的电动工具）。在防止触电的保护方面不仅依靠基本绝缘，而且还提供双重绝缘或加强绝缘的附加安全预防措施。这类工具外壳有金属和非金属两种，但手持部分是非金属，在工具的明显部位标有Ⅱ类结构符号"回"。

（3）Ⅲ类工具（即特低电压的电动工具）。在防止触电的保护方面依靠由安全特低电压供电和在工具内部不含产生比安全特低电压高的电压。

7.2.3 照明器

建筑施工现场使用的照明器具较多，有普通照明使用的白炽灯、荧光灯和节能灯,也有场地使用的高光效、长寿命的高压汞灯、高压钠灯、碘钨灯以及钨、铊、铟等金属卤化物灯具。按照使用方式有固定灯和行灯,按照使用环境有防水灯具、防尘灯具、防爆灯具、防振灯具、耐酸碱型灯具和断电使用应急灯、安全警示灯等。

7.3 安全用电知识

7.3.1 用电安全管理

施工单位和工程项目部应建立健全用电安全责任制,制定电气防火和用电安全措施,做好施工现场的用电安全管理。

(1) 电工必须取得建筑电工特种作业操作资格证书,持证上岗。

(2) 安装、巡检、维修或拆除临时用电设备和线路,必须由电工完成,并应有人监护。

(3) 用电人员必须通过相关安全教育培训和技术交底后方可上岗工作。

(4) 用电设备的使用人员应保管和维护所用设备,发现问题及时报告解决。

(5) 暂时停用设备的开关箱,必须分断电源隔离开关,并应关门上锁。

(6) 移动电气设备时,必须经电工切断电源并做妥善处理后进行。

7.3.2 外电线路和配电线路

施工过程中必须与外电线路保持一定安全距离,防止发生因碰触造成的触电事故。施工现场的配电线路交错复杂，易发生因线缆拉断、砸烂、破皮造成的漏电。

（1）不得在外电架空线路正下方施工、搭设作业棚、建造生活设施或堆放构件、架具、材料及其他杂物等。

（2）在高压线一侧作业时，必须保持最小安全操作距离以上的距离。

（3）严禁操作起重机越过无防护设施的外电架空线路作业。

（4）施工现场开挖沟槽边缘与外电埋地电缆沟槽边缘之间的距离不得小于0.5m。

（5）在外电架空线路附近开挖沟槽时，必须采取加固措施，防止外电架空线路的电杆倾斜、悬倒。

（6）严禁将架空线缆架设在树木、脚手架及其他设施上。

（7）埋地电缆在穿越建筑物、构筑物、道路、易受机械损伤、介质腐蚀场所及引出地面从地面高2.0m到地下0.2m处，必须加设防护套管。

（8）电缆线路必须采用电缆埋地方式引入在建工程内，严禁穿越脚手架引入。

（9）装饰装修施工阶段，电源线可沿墙角、地面敷设，但应采取防机械损伤和电火措施。

（10）室内配线必须采用绝缘导线或电缆，并应根据配线类型采用瓷瓶、瓷（塑料）夹、嵌绝缘槽、穿管或钢索敷设。

（11）潮湿场所或埋地非电缆配线必须穿管敷设，管口和管接头应密封。

（12）室内明敷主干电线距地面高度不得小于2.5m。

（13）架空进户线的室外端应采用绝缘子固定，过墙处应穿管保护，距地面高度不得小于2.5m，并应采取防雨措施。

（14）搬运较长的金属物体，如钢筋、钢管等材料时，不得碰触到电线。

（15）在临近输电线路的建筑物上作业时，不能随便往下乱扔金属类杂物，更不能触摸、拉动电线、电线接触的可导体和电杆的拉线。

（16）当发现电线坠地或设备漏电时，不得随意跑动或触摸金属物体，并保持 10m 以上距离。

（17）移动金属梯子和操作平台时，要观察其与高处输电线路的距离，确认有足够的安全距离，再进行作业。

（18）在地面或楼面上运送材料时，不得踩踏在电线上；停放手推车、堆放钢模板、脚手板、钢筋时不得放压在电线上。

7.3.3 配电箱及开关箱

施工现场的配电箱包括总配电箱（配电柜）、分配电箱、开关箱三种。总配电箱和分配电箱是电源与用电设备之间的中枢环节；开关箱是配电系统的末端，是直接控制用电设备的装置，也是作业人员经常操作的。它们的设置和使用直接影响着施工现场的用电安全。

（1）配电箱的设置

1）总配电箱以下设若干分配电箱，分配电箱以下设若干开关箱；

2）总配电箱设在靠近电源的区域，分配电箱设在用电设备或负荷相对集中的区域；

3）分配电箱与开关箱的距离不得超过 30m，开关箱与其控制的固定式用电设备的水平距离不宜超过 3m；

4）每台用电设备必须有各自专用的开关箱，严禁用同一个开关箱直接控制 2 台及 2 台以上用电设备。

（2）配电箱的制作

1）配电箱、开关箱一般采用冷轧钢板或阻燃绝缘材料制作，钢板厚度为 1.2~2.0mm，其中开关箱箱体钢板厚度一般不得小于 1.2mm，配电箱箱体钢板厚度一般不得小于 1.5mm，箱体表面应做防腐处理；

2）配电箱、开关箱内的元器件应按设计要求紧固在安装板上，不得歪斜和松动；

3）开关箱中漏电保护器的额定漏电动作电流不应大于 30mA，动作时间不应大于 0.1s；使用于潮湿或有腐蚀介质场所的漏电保护器应采用防溅型产品，其额定漏电动作电流不应大于 15mA，动作时间不应大于 0.1s；

4）总配电箱中漏电保护器的额定漏电动作电流应大于 30mA，动作时间应大于 0.1s，但其额定漏电动作电流与额定漏电动作时间的乘积不应大于 30mA·s。

（3）配电箱的安装

1）配电箱、开关箱应装设端正，设置牢固；

2）固定式配电箱、开关箱的中心点与地面的垂直距离应为 1.4~1.6m；

3）移动式配电箱、开关箱应装设在坚固、稳定的支架上，中心点与地面的垂直距离宜为 0.8~1.6m；

4）配电箱、开关箱周围不得堆放任何妨碍操作、维修的物品，不得有灌木、杂草。

（4）配电箱的使用

1）对配电箱、开关箱进行定期维修、检查时，必须将其前一级相应的电源隔离开关分闸断电，并悬挂"禁止合闸、有人工作"停电标志牌，严禁带电作业；

2）配电箱、开关箱必须按照总配电箱→分配电箱→开关箱的顺序操作送电，按照开关箱→分配电箱→总配电箱的顺序操作停电；

3）施工现场停止作业 1 小时以上时，应将开关箱断电上锁；

4）配电箱、开关箱内不得放置任何杂物，并应保持整洁；

5）配电箱、开关箱内不得随意挂接其他用电设备；

6）配电箱、开关箱内的元器件配置和接线严禁随意改动。

7.3.4 电动建筑机械与手持式电动工具

（1）夯土机械使用时应注意的事项：

1）必须按规定穿戴绝缘手套和绝缘鞋等安全防护用品；

2）电缆长度不应大于50m，并有专人调整电缆；

3）电缆严禁缠绕、扭结和被夯土机械跨越；

4）多台夯土机械工作时，左右间距不得小于5m，前后间距不得小于10m；

5）操作扶手必须绝缘。

（2）电焊设备使用时应注意的事项：

1）电焊设备应放置在防雨、干燥和通风良好的地方；

2）焊接现场不得有易燃易爆物品；

3）交流弧焊机变压器的一次侧电源线长度不应大于5m，其电源进线处必须设置防护罩；

4）发电机式直流电焊机的换向器应经常检查和维护，消除可能产生的异常电火花；

5）交流电焊设备应配装防二次侧触电保护器，二次线应采用防水橡皮护套铜芯软电缆，电缆长度不应大于30m，不得采用金属构件或结构钢筋代替二次线的地线；

6）使用电焊设备焊接时必须按规定穿戴防护用品，严禁露天冒雨从事电焊作业。

（3）手持式电动工具使用时应注意的事项：

1）在潮湿场所或金属构架上操作时，必须选用Ⅱ类或由安全隔离变压器供电的Ⅲ类手持式电动工具；

2) 在潮湿场所或金属构架上严禁使用Ⅰ类手持式电动工具；

3) 使用Ⅰ类工具时，必须采用漏电保护器和安全隔离变压器，否则使用者必须戴绝缘手套、穿绝缘靴或站在绝缘台（垫）上；

4) 狭窄场所必须选用由安全隔离变压器供电的Ⅲ类手持式电动工具，其开关箱和安全隔离变压器均应设置在狭窄场所外面，并连接PE线，操作过程中，应有人在外面监护；

5) 手持式电动工具的外壳、手柄、插头、开关、负荷线等必须完好无损，使用前必须做绝缘检查和空载检查，在绝缘合格、空载运转正常后方可使用；

6) 手持式电动工具的负荷线应当采用耐气候的橡皮护套铜芯软电缆，并不得有接头。

（4）移动有电源线的机械设备，如电焊机、水泵、小型木工机械等，必须先切断电源，不能带电搬动。

（5）对混凝土搅拌机械、钢筋加工机械、木工机械、盾构机械等设备进行清理、检查、维修时，必须首先将其开关箱分闸断电，并关门上锁。

7.3.5 施工现场照明

（1）一般场所宜选用额定电压为220V的照明器。下列特殊场所应使用安全特低电压照明器：

1) 隧道、人防工程、高温、有导电灰尘、比较潮湿或灯具离地面高度低于2.5m等场所的照明，电源电压不应大于36V；

2) 潮湿和易触及带电体场所的照明，电源电压不得大于24V；

3) 特别潮湿场所、导电良好的地面、锅炉或金属容器内的照明，电源电压不得大于12V。

(2) 使用行灯应符合下列要求：

1) 电源电压不大于36V；

2) 灯体与手柄应坚固、绝缘良好并耐热耐潮湿；

3) 灯头与灯体结合牢固，灯头无开关；

4) 灯泡外部有金属保护网；

5) 金属网、反光罩、悬吊挂钩固定在灯具的绝缘部位上。

(3) 照明灯具的金属外壳必须与PE线相连接，照明开关箱内必须装设隔离开关、短路与过载保护电器和漏电保护器。

(4) 室外220V灯具距地面不得低于3m，室内220V灯具距地面不得低于2.5m。普通灯具与易燃物距离不宜小于300mm；聚光灯、碘钨灯等高热灯具与易燃物距离不宜小于500mm，且不得直接照射易燃物。达不到规定安全距离时，应采取隔热措施。

(5) 碘钨灯及钠、铊、铟等金属卤化物灯具的安装高度宜在3m以上，灯线应固定在接线柱上，不得靠近灯具表面。

(6) 螺口灯头及其接线应符合下列要求：

1) 灯头的绝缘外壳无损伤、无漏电；

2) 相线接在与中心触头相连的一端，零线接在与螺纹口相连的一端。

(7) 灯具内的接线必须牢固，灯具外的接线必须做可靠的防水绝缘包扎。

(8) 灯具的相线必须经开关控制，不得将相线直接引入灯具。

(9) 不得在宿舍内乱拉乱接电源，非专职电工不得更换熔丝，不得以其他金属丝代替熔丝。

(10) 严禁在电线上晾衣服或其他东西。

8 季节性施工安全知识

我国东北、华北、西北以及青藏高原等地区，每年冬季有长达3～6个月的寒冷期；南方许多省市又处于多雨地区，每年有长达1～3个月的雨期；长江中下游流域的梅雨期节，长达一个月的时间阴雨连绵不断，伴有多云、多雾、多雷暴天气。这些季节性不良天气现象，不仅给工程建设进度、质量带来了一系列的问题，也带来许多安全事故隐患。

8.1 雨期施工

8.1.1 雨期施工气象知识

（1）雨量

雨量是用来表示降水强度的物理量，用积水的高度来表示，即假定所下的雨水既不流到别处，又不蒸发，也不渗到土里，其所积累的高度。

一天雨量的多少称为降水强度。通常按照降水强度的大小将降雨划分为小雨、中雨、大雨、暴雨等六个等级。降雨等级见表8-1。

降 雨 等 级 表　　　　表8-1

降雨等级	现 象 描 述	降雨量范围（mm）	
		一天总量	半天总量
小雨	雨能使地面潮湿，但不泥泞	1～10	0.2～5.0

续表

降雨等级	现象描述	降雨量范围（mm）	
		一天总量	半天总量
中雨	雨降到屋面上有淅淅声，凹地积水	10～25	5.1～15
大雨	降雨如倾盆，落地四溅，平地积水	25～50	15.1～30
暴雨	降雨比大雨还猛，能造成山洪暴发	50～100	30.1～70
大暴雨	降雨比暴雨还大，或时间长，能造成洪涝	100～	70.1～
特大暴雨	降雨比大暴雨还大，能造成洪涝灾害	＞200	＞140

（2）风级

风通常用风向和风速（风力和风级）来表示。风速是指气流在单位时间内移动的距离，单位用 m/s 表示。根据风对地面物体或海面的影响程度，将风力划分为 0～12，共 13 个强度等级，即目前世界气象组织所建议的分级，也是我国天气预报用以表达风力强弱的标准，见表 8-2。到 20 世纪 50 年代又把风力划分扩展到 17 级，即总共 18 个等级。

风 级 表　　　　　　　　　　表 8-2

风力名称		海岸及陆地面象征标准		相当风速 (m/s)
风级	概况	陆地	海岸	
0	无风	静，烟直上		0～0.2
1	软风	烟能表示方向，但风向不能转动	渔船不动	0.3～1.5
2	轻风	人面感觉有风，树叶微响，寻常的风向标转动	渔船张帆时，可随风移动	1.6～3.3
3	微风	树叶及微枝摇动不息，旌旗展开	渔船渐觉簸动	3.4～5.4
4	和风	能吹起地面灰尘和纸张，树的小枝摇动	渔船满帆时，倾于一方	5.5～7.9

续表

风力名称		海岸及陆地面象征标准		相当风速 (m/s)
风级	概况	陆地	海岸	
5	清风	小树摇摆	水面起波	8.0~10.7
6	强风	大树枝摇动,电线呼呼有声,举伞有困难	渔船加倍缩帆,捕鱼注意危险	10.8~13.8
7	疾风	大树摇动,迎风步行感觉不便	渔船停息港中,去海外下锚	13.9~17.1
8	大风	树枝折断,迎风行走阻力很大	近港渔船均停留不出	17.2~20.7
9	烈风	烟囱及平房顶受到破坏	汽船航行困难	20.8~24.4
10	狂风	陆上少见,可拔树毁屋	汽船航行颇危险	24.5~28.4
11	暴风	陆上很少见,有则必受重大损坏	汽船遇之极危险	28.5~32.6
12	飓风	陆上绝少,其摧毁力极大	海浪滔天	>32.6

（3）雷击

雷是一种大气放电现象,雷云与地面凸出物之间放电,就是通常所说的雷击。雷击可产生数百万伏的冲击电压,主放电时间极短,电流极大,可达数十万安培,能对施工现场的建（构）筑物、机械设备、电气以及人身造成严重的伤害。

雷电可分为直击雷、感应雷、雷电波入侵以及球形雷等形式。雷电的危害可以分为直接在建筑物或其他物体上发生的热效应、电动力作用以及雷云产生的静电感应作用、雷电流产生的电磁感应作用等。

雷暴日数,就是在一年内,该地区发生雷暴的天数,用以表示雷电活动频繁程度。

8.1.2 雨期施工准备工作

由于雨期（汛期）持续时间较长，而且大雨、大风等恶劣天气具有突然性，因此应认真编制好雨期（汛期）施工的安全技术措施，做好雨期（汛期）施工的各项准备工作。

(1) 合理组织施工：

1) 将不宜在雨期施工的工程提早或延后安排；

2) 对必须在雨期施工的工程制定有效的措施；

3) 晴天抓紧室外作业，雨天安排室内工作；

4) 遇到大雨、大雾、雷电和 6 级以上大风等恶劣天气，应当停止进行露天高处、起重吊装、脚手架搭设拆除、露天焊接、电工和打桩等作业；

5) 暑期作业应当调整作息时间，在高温场所作业应当采取通风和降温措施。

(2) 做好施工现场的排水：

1) 施工现场应按标准进行硬化处理；

2) 挖好排水沟，确保施工现场排水畅通。

(3) 场区内主要道路应当硬化，路面应起拱，两侧挖排水沟。

(4) 大型临时设施选址要合理，避开滑坡、泥石流、山洪、坍塌等可能发生气象地质灾害地段，雨期前应对临时设施进行检修加固，保证不漏、不塌、不倒，周围不积水。

8.1.3 雨期施工安全事项

(1) 雨期土方与地基基础工程施工，应采取措施防止土方坍塌事故；坑（槽、沟）边，不得堆积过多的弃土、材料、设备等，要注意减轻坡顶压力，保证边坡稳定；遇大雨、暴雨应当停止开挖。

（2）砌块在雨期应当集中堆放，独立墙与迎风墙应加设临时支撑保护，内外墙要尽可能同时砌筑。

（3）支撑模板系统的地基应当整平夯实，并加垫板，防止产生较大的变形，雨后要检查有无沉降。

（4）大风大雨后，应当检查起重机械设备的基础、塔身的垂直度、缆风绳和附着结构，以及安全保险装置，确认无异常方可作业。

（5）落地式钢管脚手架底部，应当高出自然地坪50mm，周围应设置排水措施，防止雨水浸泡脚手架。

（6）施工层应当满铺脚手板，有可靠的防滑措施，设置踢脚板和防护栏杆。

（7）上人马道上必须钉好防滑条。

（8）大风、大雨后，要组织人员检查脚手架是否牢固，如有倾斜、下沉、松扣、崩扣和安全网脱落、开绳等现象，要及时进行处理。

（9）悬挑架和附着式升降脚手架，在汛期来临前要有加固措施。

（10）机电设备应采取防雨、防淹措施，安装接地装置。

8.1.4 雨期施工用电安全

（1）各种露天使用的电气设备应选择地势较高的干燥处放置。

（2）用配电设备（配电盘、闸箱、电焊机、水泵等）应有可靠的防雨、防潮、防淹、防雷等措施，电焊机应加防护雨罩。

（3）雨期前应检查照明和动力线有无混线、漏电，电杆有无腐蚀，埋设是否牢靠等。

（4）雨期要检查现场用配电设备的接零、接地保护措施是否可靠，漏电保护装置是否灵敏，电线绝缘、接头是否良好。

（5）暴雨等险情来临之前，施工现场除照明、排水和抢险用电外，其他电源应全部切断。

（6）在潮湿和易触及带电体场所的照明电源电压不得大于24V；在特别潮湿的场所或金属容器内工作的照明电源电压不得大于12V。

8.1.5 雨期施工防雷

施工现场高出建筑物的塔机、施工升降机、物料提升机以及较高金属脚手架等高架设施，如果在相邻建筑物、构筑物的防雷装置保护范围以外，则应当按照规定设防雷装置。

施工现场的防雷装置一般由避雷针（接闪器）、引下线和接地体三部分组成，雷电流通过引下线和接地装置流入大地，使被保护物可以免受雷击。

为了防止雷击事故，应注意采取如下安全措施：

（1）雷暴时，尽量少在室外逗留，不得登高作业。

（2）关闭好门窗，防止球形雷进入室内。

（3）雷暴时，不要站在空旷和凸起地貌地带，尽量远离避雷针以及烟囱、孤树、路灯杆、旗杆等突出物。

（4）雷暴时，尽量不使用电器，注意离开电线、电话线、金属管网等设施。

8.1.6 雨期施工临时设施使用

（1）集体宿舍设专人负责，昼夜值班。

（2）熟知避险路线、避险地点和避险方法，发现险情时及时避险。

（3）采用彩钢板房应有产品合格证，用作宿舍和办公室的，必须根据设置的地址及当地常年风压值等，对彩钢板房的地基进行加固，确保房屋稳固。

（4）接到强对流（台风）天气预报后，下列临时职工宿舍内的人员应当撤出到达安全地点：

1）临近海边、基坑、围挡墙及广告牌的职工宿舍内；

2）以塔式起重机高度为半径的地面范围内的职工宿舍内。

（5）大风和大雨后，应当检查临时设施地基和主体结构情况，发现问题及时处理。

8.1.7 夏季施工卫生保健

（1）宿舍应保持通风、干燥，有防蚊蝇措施。

（2）生活办公设施要有专人管理，定期清扫、消毒，保持室内整齐、清洁、卫生。

（3）炎热地区应有降温防暑措施，防止中暑。

（4）合理安排作息时间，实行工间休息制度，早晚干活，中午延长休息时间等。

（5）加强饮食卫生管理，防止食物中毒：

1）把好食品采购验收关，从正规渠道购买符合卫生要求的食品、原料；

2）半成品、熟食等食品一定要煮熟煮透；

3）食品、原料、器具的存放，必须生熟分开，防止交叉污染；

4）食品加工工具、容器和餐饮具，应经常清洗、消毒；

5）食品加工后应当尽快食用；

6）食堂工作人员要持健康证上岗，有良好卫生习惯；

7）不食用发霉、变质食品，谨慎食用海（水）产品、四季豆、鲜黄花菜、发芽土豆等有潜在危险的食品以及生食（如凉菜）、熟食（如猪头肉）等易被细菌感染食品；

8）防止亚硝酸钠中毒，由于其外观、味道、溶解性等许多特征与食盐极为相似，很容易被误作为食盐食用，导致中毒事故；

9）保持环境卫生干净整洁，避免苍蝇、蟑螂、老鼠等污染食品。

（6）应提供符合卫生标准的饮用水，避免多人共用一个饮水器皿。

（7）供给含盐饮料，补偿高温作业工人因大量出汗而损失的水分和盐分。

8.2 冬期施工

8.2.1 冬期施工概念

根据当地多年气象资料统计，当室外日平均气温连续5天稳定低于5℃即进入冬期施工；当室外日平均气温连续5天高于5℃时解除冬期施工。

冬期施工与冬季施工是两个不同的概念，不要混淆。例如在我国海拉尔、黑河等高纬度地区，每年有长达200多天需要采取冬期施工措施，而在我国南方许多低纬度地区常年不存在冬期施工问题。

冬期施工由于施工条件及环境不利，是各种安全事故多发季节。

8.2.2 冬期施工安全措施准备

(1) 编制冬期施工组织设计，确定冬期施工方法、工程进度计划、物资供应计划、劳动力组织计划、能源供应计划以及防火安全措施、防护用品配备、施工安全措施等。

(2) 组织好冬期施工安全教育培训，主要是对测温人员、保温人员、能源工（锅炉和电热运行人员）以及管理人员进行专门的技术业务培训，学习相关知识，明确岗位责任。

(3) 物资准备，外加剂、保温材料、测温表计及工器具、防护用品、燃料及防冻油料、电热物资等。

(4) 施工现场的准备

1) 平整场地，畅通道路，防止路面结冰以及结冰后的防滑措施；

2) 提前组织有关机具、外加剂、保温材料等实物进场；

3) 供水系统应采取防冻措施；

4) 搭设加热用的锅炉房；

5) 落实职工宿舍、办公室等临时设施的取暖措施。

8.2.3 地基基础工程冬期施工安全事项

(1) 爆破法破碎冻土应当注意下列安全事项：

1) 爆破施工要离建筑物 50m 以外，距高压电线 200m 以外；

2) 爆破作业应在专业人员指挥下进行；

3) 爆破之前应有安全技术措施；

4) 现场应设置警示标志、警戒哨和指挥站等；

5) 放炮后要经过 20min 才可以前往检查；

6) 遇有哑炮，严禁掏挖或在原炮眼内重装炸药；

7）冬期施工不得使用硝化甘油类炸药。

（2）人工破碎冻土应当注意下列安全事项：

1）注意去掉楔头打出的飞刺，以免飞出伤人；

2）掌铁楔的人与掌锤的人不能脸对着脸，应当互成90°。

（3）机械挖掘时应当注意行进和移动过程的防滑，在边坡附近使用、移动机械应注意防止边坡坍塌。

（4）针热法融解冻土应防止管道和外溢的蒸汽、热水烫伤作业人员。

（5）电热法融解冻土施工时，应注意做好防触电工作。

（6）采用烘烤法融解冻土时，会出现明火，由于冬天风大、干燥，易引起火灾。

（7）春融期间在冻土地基上施工前，必须进行工程地质勘察，确定地基的冻结深度和土的融沉类别，防止土方坍塌、沉陷等。

8.2.4 砌体工程冬期施工安全事项

（1）脚手架、马道要有防滑措施，及时清理积雪。

（2）施工时接触气源、热水，要防止烫伤。

（3）防止亚硝酸钠中毒，亚硝酸钠是冬期施工常用的防冻剂、阻锈剂，人体摄入10mg亚硝酸钠，即可导致死亡。

1）尽量不单独使用亚硝酸钠作为防冻剂；

2）会辨认亚硝酸钠；

3）建立严格的出入库手续和配制实用程序。

8.2.5 钢筋混凝土工程冬期施工安全事项

（1）金属具有冷脆性，冬期低温冷拔、冷拉钢筋时，要防止钢筋断裂伤人。

（2）检查预应力夹具有无裂纹，由于负温下有裂纹的预应力夹具，很容易出现碎裂飞出伤人。

（3）防止预制构件中钢筋吊环发生脆断，造成安全事故。

（4）当温度低于－20℃时，严禁对低合金钢筋进行冷弯。

（5）蓄热法加热砂石时，若采用炉灶焙烤，操作人员应穿隔热鞋，若采用锯末生石灰蓄热，则应选择安全配合比。

（6）电热法养护混凝土时，应注意用电安全。

（7）采用暖棚法以火炉为热源时，应注意加强消防和防止煤气中毒。

（8）调拌化学附加剂时，应配戴口罩、手套，防止吸入有害气体和刺激皮肤。

（9）混凝土必须满足强度要求方能拆模。

8.2.6 冬期施工起重机械设备安全使用

（1）大雪和6级以上大风等恶劣天气，以及轨道、电缆结冰，应当停止垂直运输作业，并将吊笼降到底层（或地面），切断电源。

（2）遇到大风天气，应将动臂变幅塔机的臂杆降到安全位置并与塔身锁紧，轨道式塔式起重机应当卡紧夹轨钳。

（3）暴风雪天气，塔式起重机要采取加固措施，风雪后经全面检查，方可继续使用。

（4）风雪过后作业，应当检查安全保险装置，确认无异常方可作业。

（5）缆风绳地锚应当埋置在冻土层以下。

（6）春季冻土融化，应当随时观察设备基础是否发生沉降。

8.2.7 锅炉火炉使用安全事项

(1) 锅炉房的设置

1) 锅炉房宜建造在施工现场的下风方向,远离在建工程以及易燃、可燃物料场、仓库等;

2) 锅炉房应不低于二级耐火等级;

3) 锅炉房的门应向外开启;

4) 锅炉正面与墙的距离应不小于3m,锅炉与锅炉之间应保持不小于1m的距离;

5) 锅炉房应有适当的通风和采光,锅炉上的安全设备应保持良好状态并有照明;

6) 锅炉烟道和烟囱与可燃构件应保持一定的距离,金属烟囱距可燃结构不小于100cm,距已做防火保护层的可燃结构不小于70cm;未采取消烟除尘措施的锅炉,其烟囱应设防火星装置。

(2) 锅炉的使用

1) 司炉工应当经培训合格持证上岗;

2) 应当制定严格的司炉值班制度,锅炉开火以后,司炉人员不得离开工作岗位;

3) 司炉人员下班时,须向下一班做好交接班,并记录锅炉运行情况;

4) 禁止使用易燃、可燃液体点火;

5) 炉灰倒在指定地点。

(3) 火炉安装要求

1) 油漆、喷漆、油漆调料间以及木工房、料库等,禁止使用火炉采暖;

2) 金属与砖砌火炉,必须完整良好,不得有裂缝;砖砌火炉壁厚不得小于30cm;

3）金属火炉与可燃、易燃材料的距离不得小于 100cm，已做防火保护层的火炉距可燃物的距离不得小于 70cm；

4）没有烟囱的火炉上方不得有可燃物，必要时须架设铁板等非燃材料隔热，其隔热板应比炉顶外围的每一边都多出 15cm 以上；

5）火炉应根据需要设置高出炉身的火挡，在木地板上安装火炉，必须设置炉盘；

6）金属烟囱一节插入另一节的尺寸不得小于烟囱的半径，衔接要牢固；

7）金属烟囱与可燃物的距离不得小于 30cm，穿过板壁、窗户、挡风墙、暖棚等必须设铁板；从烟囱周边到铁板外边缘尺寸，不得小于 5cm；

8）火炉的炉身、烟囱和烟囱出口等部分与电源线和电气设备应保持 50cm 以上的距离。

（4）火炉使用要求

1）火炉必须由受过安全消防常识教育的人员看守；

2）移动火炉时，必须先将火熄灭后方准移动；

3）掏出的炉灰必须随时用水浇灭后倒在指定地点；

4）禁止用易燃、可燃液体点火；

5）不准在火炉上熬炼油料、烘烤易燃物品。

9 施工现场安全标志

施工现场施工机械、机具种类多，高空与交叉作业多，临时设施多，作业环境复杂，不安全因素多，属于危险因素较大的作业场所。在施工现场的危险部位以及设备、设施上设置安全警示标志，提醒、警示施工作业人员，时刻认识到所处环境的危险性，避免事故发生。

9.1 安全标志

9.1.1 安全标志含义

根据现行国家标准《安全标志及其使用导则》(GB 2894)规定，安全标志是用以表达安全信息的标志，由图形符号、安全色、几何图形（边框）或文字构成。包括提醒人们注意的各种标牌、文字、符号以及灯光等，以此表达特定的安全信息。其目的是引起人们对不安全因素的注意，防止发生事故。安全标志主要包括安全色和安全标志牌等。

9.1.2 安全标志使用范围

设置在工矿企业、建筑工地、厂内运输和其他有必要提醒人们注意安全、容易发生事故或危险性较大的场所，以提高人们的防范意识,减少或避免事故的发生。

9.1.3 安全标志分类

安全标志分为禁止标志、警告标志、指令标志和提示标志四大类型。

(1) 禁止标志

禁止标志的含义是禁止人们不安全行为的图形标志。几何图形为白底黑色图案加带斜杆的红色圆环,并在正下方用文字补充说明禁止的行为模式。图 9-1 为施工现场常见的两种禁止标志:禁止吸烟,禁止通行。

图 9-1 禁止标志
(a) 禁止吸烟;(b) 禁止通行

(2) 警告标志

警告标志的基本含义是提醒人们对周围环境引起注意,以避免可能发生危险的图形标志。几何图形为黄底黑色图案加三角形黑边,并在正下方用文字补充说明当心的行为模式。图 9-2 为施

图 9-2 警告标志
(a) 当心火灾;(b) 注意安全

工现场常见的两种警告标志：当心火灾，注意安全。

（3）指令标志

指令标志的含义是强制人们必须做出某种动作或采用防范措施的图形标志。几何图形为圆形，以蓝底白线条的圆形图案加文字说明。图9-3为施工现场经常见到的指令标志：必须系安全带，必须戴安全帽。

图9-3　警告标志
(a) 必须系安全带；(b) 必须戴安全帽

（4）提示标志

提示标志的含义是向人们提供某种信息（如标明安全设施或场所等）的图形标志。图形以长方形、绿底（防火为红底）白线条加文字说明。图9-4为两种常见的提示标志：紧急出口，避险处。

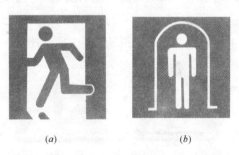

图9-4　提示标志
(a) 紧急出口；(b) 避险处

9.2 安全色

9.2.1 安全色及其分类

(1) 安全色的含义

根据现行国家标准《安全色》(GB 2893)规定,安全色是传递安全信息含义的颜色。

(2) 安全色分类

安全色分为红、黄、蓝、绿四种颜色,分别表示禁止、警告、指令和提示。

1) 红色:表示禁止、停止、危险以及消防设备的意思。凡是禁止、停止、消防和有危险的器件或环境均应涂以红色的标记作为警示的信号。

各种禁止标志;交通禁令标志;消防设备标志;机械的停止按钮、刹车及停车装置的操纵手柄;机器转动部件的裸露部分,如飞轮、齿轮、皮带轮等轮辐部分;指示器上各种表头的极限位置的刻度;各种危险信号旗等。

2) 黄色:表示提醒人们注意。凡是警告人们注意的器件、设备及环境都应以黄色表示。

各种指令标志;交通指示车辆和行人行驶方向的各种标线等标志。

3) 蓝色:表示指令,要求人们必须遵守的规定。

各种警告标志;道路交通标志和标线;警戒标记,如危险机器和坑池周围的警戒线等;各种飞轮、皮带轮及防护罩的内壁;警告信号旗等。

4) 绿色:表示给人们提供允许、安全的信息。

各种提示标志；安全通道、行人和车辆的通行标志、急救站和救护站等；消防疏散通道和其他安全防护设备标志；机器启动按钮及安全信号旗等。

9.2.2　对比色

(1) 对比色的含义

使安全色更加醒目的反衬色，包括黑、白两种颜色。

(2) 安全色与对比色的使用

安全色与对比色同时使用时，应按表9-1规定搭配使用。

安全色和对比色　　　　　　　　表9-1

安　全　色	对　比　色
红　色	白　色
蓝　色	白　色
黄　色	黑　色
绿　色	白　色

1) 黑色：黑色用于安全标志的文字、图形符号和警告标志的几何边框。

2) 白色：白色作为安全标志红、蓝、绿的背景色，也可用于安全标志的文字和图形符号。

3) 安全色与对比色的相间条纹

①红色与白色相间条纹：表示禁止人们进入危险的环境。

公路交通等方面所使用防护栏杆及隔离墩表示禁止跨越；固定禁止标志的标志杆下面的色带等。

②黄色与黑色相间条纹：表示提示人们特别注意的意思。

各种机械在工作或移动时容易碰撞的部位，如移动式起重机的外伸腿、起重机的吊钩滑轮侧板、起重臂的顶端、四轮配重；平顶拖车的排障器及侧面栏杆；门式起重和门架下端；剪板机的压紧装置等。

③蓝色与白色相间条纹：表示必须遵守规定的信息。

④绿色与白色相间的条纹：与提示标志牌同时使用，更为醒目地提示人们。

9.3 施工现场安全标志设置

施工单位应当根据工程项目的规模、施工现场的环境、工程结构形式以及设备、机具的位置等情况，确定危险部位，有针对性地设置安全标志。施工现场应绘制安全标志布置总平面图，根据不同施工阶段的施工特点，有针对性地进行设置、悬挂和增减。

9.3.1 安全标志设置方式

(1) 高度

安全标志牌的设置高度应与人眼的视线高度一致，禁止烟火、当心坠物等环境标志牌下边缘距离地面高度不能小于2m；禁止乘人、当心伤人、禁止合闸等局部信息标志牌的设置高度应视具体情况确定。

(2) 角度

标志牌的平面与视线夹角应接近90°，观察者位于最大观察距离时，最小夹角不低于75°。

(3) 位置

标志牌应设在与安全有关的醒目和明亮地方，并使大家看见后，有足够的时间来注意它所表示的内容。环境信息标志宜设在有关场所的入口处和醒目处；局部信息标志应设在所涉及的相应危险地点或设备（部件）附近的醒目处。标志牌一般不宜设置在可移动的物体上，以免这些物体位置移动后，看不见安全标志。标志牌前不得放置妨碍认读的障碍物。

（4）顺序

同一位置必须同时设置不同类型的多个标志牌时，应当按照警告、禁止、指令、提示的顺序，先左后右，先上后下的排列设置。

（5）固定

建筑施工现场设置的安全标志牌的固定方式主要为附着式、悬挂式两种。在其他场所也可采用柱式。悬挂式和附着式的固定应稳固不倾斜，柱式的标志牌和支架应牢固地连接在一起。

9.3.2 安全标志设置部位

根据国家有关规定，施工现场入口处、施工起重机械、临时用电设施、脚手架、出入通道口、楼梯口、电梯井口、孔洞口、桥梁口、隧道口、基坑边缘、爆破物及有害危险气体和液体存放处等属于危险部位，应当设置明显的安全标志。

安全标志的类型、数量应当根据危险部位的性质不同，设置不同的安全警示标志，如在爆破物及有害危险气体和液体存放处设置禁止烟火、禁止吸烟等禁止标志；在施工机具旁设置当心触电、当心伤手等警告标志；在施工现场入口处设置必须戴安全帽等指令标志；在通道口处设置安全通道等指示标志；在施工现场的沟、坎、深基坑等处，夜间要设红灯示警。

9.3.3 施工现场常用安全标志

施工现场常用的安全标志内容见表9-2,安全标志图标见本书附录三。

建筑施工现场常用的安全标志　　　表9-2

序号	安全标志内容	序号	安全标志内容	序号	安全标志内容
一、禁止标志		二、警告标志		三、指令标志	
1	禁止吸烟	20	注意安全	39	必须戴防护眼镜
2	禁止烟火	21	当心火灾	40	必须戴防毒面具
3	禁止用水灭火	22	当心爆炸	41	必须戴防尘口罩
4	禁止放置易燃物	23	当心中毒	42	必须戴护耳器
5	禁止启动	24	当心触电	43	必须戴安全帽
6	禁止合闸	25	当心电缆	44	必须戴防护手套
7	禁止触摸	26	当心机械伤人	45	必须穿防护鞋
8	禁止跨越	27	当心伤手	46	必须系安全带
9	禁止攀登	28	当心扎脚	47	必须穿防护服
10	禁止跳下	29	当心吊物	48	必须加锁
11	禁止入内	30	当心坠落	四、提示标志	
12	禁止停留	31	当心落物	49	紧急出口
13	禁止通行	32	当心坑洞	50	可动火区
14	禁止靠近	33	当心烫伤	51	避险处
15	禁止乘人	34	当心弧光		
16	禁止堆放	35	当心塌方		
17	禁止抛物	36	当心车辆		
18	禁止戴手套	37	当心滑倒		
19	禁止穿带钉鞋	38	当心障碍物		

10 施工现场急救知识

建筑施工现场容易发生触电、创伤、火灾、中毒、中暑伤害以及传染病等,能否在第一时间实施正确的应急救护,对减少、减轻伤害至关重要。施工现场急救目的,是应用急救知识和最简单的急救技术进行现场初级救生,最大程度地稳定伤病员的伤情病情,维持伤病员的最基本的生命体征,防止伤病恶化、减少并发症。

10.1 应急救护要点

10.1.1 现场救护程序

现场急救,一般按照"环境评估、伤情评判、打开气道、人工呼吸、人工循环"程序进行。

(1) 环境评估,即对环境存在的危险因素进行观察和评估。

1) 首先确认环境有无危害急救者及伤病者的危险因素,确保自己及伤病者的安全;

2) 有危险因素时应首先将其排除,无法排除时应呼救待援,不要随意进入事故现场;

3) 确认现场无危险因素后应迅速进入现场检查伤者的伤情。

(2) 伤情评判,即对伤者的伤害程度进行检查评判。

1) 先在伤病者耳边大声呼唤,再轻拍其肩、臂,以试其反应,如没有反应,则可判定伤病者已经丧失意识;

2）了解伤病者受伤过程，以确定伤病者可能受到的伤害形式，如高处坠落，可能造成脊椎受伤，切勿随意搬动。

（3）打开气道，意识丧失的伤病者可因舌后坠而堵塞气道，造成呼吸障碍甚至窒息。

一般情况下，可使用压额提颏法打开气道，其手法如图10-1所示。如果怀疑颈椎损伤，则应用改良推颌法打开气道，其手法如图10-2所示。

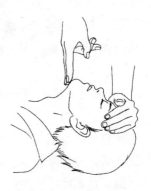

图 10-1　压额提颏法

图 10-2　改良推颌法

图 10-3　检查呼吸—听、看、感觉

（4）人工呼吸，用5~10秒钟的时间，以听（呼吸音）、看（胸壁起伏）、感觉（呼气）的方法检查伤病者是否仍有自主呼吸，如图10-3所示。如果无正常呼吸，应当高声呼救，并立即施行人工呼吸，如图10-4所示。

图 10-4　人工呼吸

图 10-5　胸外心脏按压

(5) 人工循环，即胸外心脏按压，如图 10-5 所示。有严重出血的伤病者，应立即止血。

10.1.2 申请急救服务

拨打急救电话 120，求助者应等待接电话者完全接收到信息并示意后才可挂断电话。电话内容包括：
(1) 现场联络人的姓名、电话；
(2) 事故发生的工程名称、工程地点（必要时可说明到达现场的途径）；
(3) 事故发生的过程、种类；
(4) 事故中伤病者人数；
(5) 事故中受伤情况（受伤种类及其严重程度）；
(6) 特殊说明（如需要接近被困伤病者或解除伤病者缠压物等）；
(7) 要求接听者将内容重复一次，确保信息准确无误。

10.2 施工现场主要事故及急救常识

10.2.1 触电急救知识

触电者的生命能否获救，在绝大多数情况下取决于能否迅速脱离电源和正确地实行人工呼吸和心脏按摩。拖延时间、动作迟缓或救护不当，都可能造成死亡。

(1) 脱离电源

发现有人触电时，应立即断开电源开关或拔出插头，若一时无法找到并断开电源开关时，可用绝缘物（如干燥的木棒、竹竿、手套）将电线移开，使触电者脱离电源。必要时可用绝缘工具切断电源。如果触电者在高处，要采取防坠落措施，防止触电者脱离电源后摔伤。

（2）紧急救护

根据触电者的情况，进行简单的检查，根据情况不同分别处理：

1）对于神志清醒，但感到乏力、头昏、心悸、出冷汗，四肢发麻，甚至有恶心或呕吐的伤者，应使其就地安静休息，减轻心脏负担，加快恢复；情况严重时，应立即小心送往医疗部门检查治疗。

2）对于呼吸、心跳尚存在，但神志昏迷的伤者，应将病人仰卧，保证周围空气流通，并注意保暖；除了要严密观察外，还要做好人工呼吸和心脏挤压的准备工作。

3）经检查发现，处于"假死"状态的伤者，则应立即针对不同类型的"假死"对症处理：如呼吸停止，应用口对口的人工呼吸法来维持气体交换；如心脏停止跳动，应用体外人工心脏挤压法来维持血液循环。

（3）救助方法

1）口对口人工呼吸法，病人仰卧，松开病人衣物，清理病人口腔阻塞物，使病人鼻孔朝天、头后仰；贴嘴吹气—放开嘴鼻换气；如此反复进行，每分钟吹气12次，即每5秒钟吹气一次。

2）体外心脏挤压法，病人仰卧硬板上，抢救者中指（手掌）对病人凹膛，掌根用力向下压，慢慢向下—突然放开；连续操作，每分钟进行60次，即每秒一次。

3）有时病人心跳、呼吸都停止，而急救者只有一人时，必须同时进行人工呼吸和体外心脏挤压，此时，可先吹两次气，立即进行挤压15次，然后再吹两次气，再挤压，反复交替进行。

10.2.2 创伤救护知识

创伤分为开放性创伤和闭合性创伤。开放性创伤是指皮肤或黏膜的破损,如擦伤、切割伤、撕裂伤、刺伤、撕脱、烧伤等;闭合性创伤是指人体内部组织的损伤,而没有皮肤黏膜的破损,如挫伤、挤压伤等。

(1) 开放性创伤的处理

对于出血不止的伤口,应当及时有效地止血。外出血处理方法一般应遵照以下程序实施:判断环境安全,检查生命体征,置伤病者于舒适体位,检查伤口,立即止血,包扎伤口,简单固定骨折,预防和处理休克,速送医院。

1) 清洗消毒。可用生理盐水和酒精棉球,将伤口和周围皮肤上沾染的泥砂、污物等清理干净,并用干净的纱布吸收水分及渗血,再用酒精等药物进行初步消毒。在没有消毒条件的情况下,可用清洁水冲洗伤口,最好用流动的自来水冲洗,然后用敷料,如清洁、柔软及吸水力强的物品(替代敷料如洁净的被单、手帕、毛巾或三角巾等)吸干伤口。

2) 止血。在一般情况下,在伤口施加压力,例如使用绷带及敷料包扎并将受伤部位抬高,都可以止血。

3) 包扎。创伤处用消毒的敷料或清洁的医用纱布覆盖,再用绷带或布条包扎,既可以保护创口预防感染,又可减少出血帮助止血。

三角巾包扎,可用于前臂悬吊,固定敷料、固定骨折处及起软垫作用。前臂悬吊方式如图 10-6 所示,头部包扎方式如图 10-7 所示。

绷带包扎,绷带可由各种不同的材料制成,其宽度、长度视其所用的部位而定。

图 10-6　前臂悬吊方式

图 10-7　头部包扎方式

在倒塌、坍塌过程中，一般受伤人员均表现为肢体受压。在解除肢体压迫后，应马上用弹性绷带绑牢伤肢，以免发生组织肿胀。这种情况下的伤肢，不应该抬高、局部按摩、施行热敷和继续活动。

4）固定。在肢体骨折时，可借助绷带包扎夹板来固定受伤部位上下两个关节，减少损伤，减少疼痛，预防休克。手腕骨骨折处置如图 10-8 所示，股盆骨折的处理如图 10-9 所示，膝关节骨折的处理如图 10-10 所示，小腿骨骨折的处理如图 10-11 所示。

在对骨折伤病者处理时，应遵守以下基本原则：首先对出血进行及时处

图 10-8　手腕骨骨折的处理

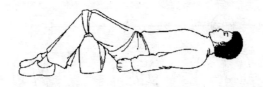

图 10-9　股盆骨折的处理

图 10-10　膝关节骨折的处理

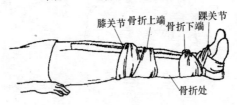

图 10-11　小腿骨骨折的处理

理,再将伤病者放在适当位置就地施救;检查伤肢远端血液循环、皮肤感觉及活动能力;伤病者仰卧时,应从躯体下的天然空隙处(颈、腰、膝、足踝)将三角巾穿过;包扎下肢时,除足踝外,其余均用宽带;切勿随便移动骨折处,除非现场环境对伤病者或救护员有生命威胁。

5)搬运。经现场止血、包扎、固定后的伤员,应尽快正确地搬运转送医院抢救。

搬运时,要注意方法的正确性、正当性,否则,可导致继发性的创伤,加重病痛,甚至威胁生命。搬运法可分为徒手搬运及使用器材搬运两大类。

徒手搬运,用于紧急抢救时或只运送短距离路程的伤病者,但必须注意徒手搬运法不可应用于怀疑脊椎受伤或下肢骨折伤病者。

单人、双人徒手搬运法,轻伤者可挟着走,重伤者可让其伏在急救者背上,双手绕颈交叉下垂,急救者用双手自伤员大腿下抱住伤员大腿。也可采用拖行(图10-12)、爬行(图10-13)、坐抬(图10-14)等方法搬运伤员。

图10-12 拖行法搬运伤员

(a) 拖衣法;(b) 拖毯法

图10-13 爬行法搬运伤员

用担架搬运时,要使伤员头部向后,以便后面抬担架的人可随时观察其变化。自制简易担架形式如图10-15所示。

搬运伤员要点:

①肢体受伤有骨折时,宜在止血包扎固定后再搬运,防止骨折断端因搬运振动而移位。

②处于休克状态的伤员要使其保暖、平卧,并将下肢抬高约20°左右,及时止血、包扎、固定伤肢,然后尽快送医院进行抢救治疗。

图 10-14 坐抬法搬运伤员

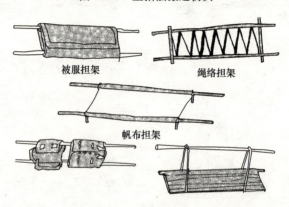

图 10-15 自制简易担架

③在搬运严重创伤伴有大出血或已休克的伤员时，要平卧运送伤员，头部可放置冰袋或戴冰帽，路途中要尽量避免振荡；运送过程中如突然出现呼吸、心跳骤停时，应立即进行人工呼吸和体外心脏挤压法等急救措施。

④在搬运高处坠落或摔伤等伤员时，要仔细检查其头部、颈部、胸部、腹部、四肢、背部和脊椎，看看是否有肿胀、青紫、局部压疼、骨摩擦声等其他内部损伤，假如出现上述情况，不能对患者随意搬动，需按照正确的搬运方法进行搬运，一定要使伤

员平卧在硬板上搬运。

切忌只抬伤员的两肩与两腿或单肩背运伤员，因为这样会使伤员的躯干过分屈曲或过分伸展，致使已受伤的脊椎移位，甚至断裂将造成截瘫，导致死亡或造成患者神经、血管损伤并加重病情。

（2）闭合性创伤（内出血）的处理方法

1）按照"环境评估、伤情评判、打开气道、人工呼吸、人工循环"顺序进行处理；

2）预防或处理休克；

3）密切观察记录呼吸、脉搏以作比较；

4）保留排泄物或呕吐物送医院检验；

5）消化道出血及需要手术处理的伤病人禁饮食；

6）速送医院；

7）切勿在无人照料下离开伤病者。

10.2.3 火灾逃生知识

（1）当发生火灾时，应奋力将小火控制、扑灭；千万不要惊慌失措，置小火于不顾而酿成大灾。

（2）如果发现火势无法控制，应保持镇静，判断危险地点和安全地点，决定逃生的办法和路线，尽快撤离险地。

（3）如果身处在建工程内，应立即选择距离近而且直通楼外地面的楼梯或上人马道向下跑，以逃到着火建筑物之外地面最为安全。

（4）经过充满烟雾的路线，要防止烟雾中毒、窒息，应采用低姿势行走或贴近地面俯卧爬行，有条件时可用湿毛巾、衣物等捂住嘴鼻，以便顺利撤出烟雾区。

（5）若下行楼梯受阻，疏散通道被大火阻断，确认无法逃生地面时，则应就近寻找临时避难场所，等待消防队救护。可撤退至楼顶施工层的上风处，求得暂时性的自我保护；也可通过窗口或者阳台等待向外逃生。

（6）当身上衣服着火时，不可惊跑或用手拍打，因奔跑或拍打会形成风势，促旺火势。应设法脱掉衣服或就地打滚，压灭火苗；能及时跳进水中或让人向身上浇水、喷灭火剂更有效。

10.2.4 中暑防救治知识

中暑是由于伤病者在非常酷热环境下，体温调节功能发生障碍，无法散发体内的热量而导致严重体温升高以及由此导致的一系列临床表现。

（1）中暑的医学特征

伤病者症状体征有皮肤潮红、干燥、无汗；体温上升，可达40℃或以上；脉快而强，严重的可能神志不清。

（2）中暑的处理方法

在施工现场发现有中暑的伤员，必须快速处理。

1）迅速将伤病者移到阴凉通风处；

2）打开气道，必要时应当进行人工呼吸；

3）尽快为伤病者降温，除去衣物，脱掉鞋子，让其平卧，用湿冷毛巾连续擦身，在伤病者两侧腋下及腹股沟放置湿冷布，用电扇、扇子或空调降温；

4）密切注意呼吸、脉搏；

5）及时处理呼吸、循环衰竭；

6）速送医院。

（3）中暑的预防

1）避免长时间在酷热及潮湿的环境下工作；

2）穿着较浅色和宽松的衣物；

3）做好防晒措施和多饮水，适当补充盐分；

4）合理安排作息时间和露天作业；

5）保证作业环境的通风；

6）采取措施降低热辐射，疏散、隔离热源，减少与热源接触。

10.2.5 急性中毒救护知识

任何有毒物质包括固体、液体、气体接触或进入人体后，引起暂时或永久性损害，都称为中毒。中毒途径有口服、吸入、皮肤吸收、注射等。施工现场发生的中毒主要有食物中毒、燃气中毒及毒气中毒。

（1）中毒急救原则

1）确保救护者自身安全；

2）昏迷伤病者置于复苏体位，按照"环境评估、伤情评判、打开气道、人工呼吸、人工循环"顺序实施救护；

3）减少毒素吸收，搬离污染现场，脱去污染衣物，用大量清水冲洗被污染皮肤，勿让伤病者进食；

4）申请急救医疗服务时，提供患者年龄及性别、毒品名称及剂量、中毒时间、曾否呕吐、清醒程度等情况；

5）搜集现场遗留的毒物、药袋及患者呕吐物，一同送往医院。

（2）施工现场中毒救护

1）食物中毒的救护

发现饭后多人有呕吐、腹泻等不正常症状时，尽量让病人大量饮水，刺激喉部使其呕吐；及时报告工地负责人和当地卫生防疫部门，并保留剩余食品以备检验；立即拨打急救电话120或将中毒者送往就近医院。

2) 燃气中毒的救护

发现有人煤气中毒时,要迅速打开门窗,使空气流通;将中毒者转移到室外实行现场急救;及时报告工地负责人;立即拨打急救电话120或将中毒者送往就近医院。

3) 毒气中毒的救护

在井(地)下施工中有人发生毒气中毒时,必须先向出事地点送风;救助人员装备齐全安全保护用具,才能下去救人;立即报告工地负责人及有关部门,现场不具备抢救条件时,应及时拨打110或120电话求救。

井(地)上人员绝对不要盲目下去救助。

10.2.6 传染病应急救援措施

由于施工现场的施工人员较多,如若控制不当,容易造成集体感染传染病。因此需要采取正确的措施加以处理,防止大面积人员感染传染病。

(1) 如发现员工有集体发烧、咳嗽等不良症状,应立即报告现场负责人和有关部门,对患者进行隔离,同时启动应急救援方案;

(2) 立即把患者送往医院进行诊治,陪同人员必须做好防护隔离措施;

(3) 对可能出现病因的场所进行隔离、消毒,严格控制疾病的再次传播;

(4) 加强现场员工的教育和管理,落实各级责任制,严格履行员工进出现场登记手续,做好病情的监测工作。

11 建筑施工安全事故知识

导致建筑施工安全事故的原因十分复杂,对其正确认识非常重要。做好事故的报告救援,对降低事故伤害程度,防止次生事故发生意义重大。事故教训,是用鲜血和生命写成的,必须认真汲取;事故的调查处理是一个极其严肃的问题,必须认真对待,查明原因、追究责任、举一反三、落实措施,进而避免事故的重复发生。

11.1 事故及其分类

生产经营活动中发生的造成人身伤亡或者直接经济损失的意外事件,称为生产安全事故。其中,发生的人身伤害、急性中毒事故,称为伤亡事故。

11.1.1 生产安全事故分类

(1) 按伤害程度分类

依据现行国家标准《企业职工伤亡事故分类标准》(GB 6441) 的规定,根据事故给受伤害者带来的伤害程度及其劳动能力丧失的程度可将事故分为轻伤、重伤和死亡三种类型。

1) 轻伤事故:指损失工作日低于105日的失能伤害的事故;
2) 重伤事故:指造成职工肢体残缺或视觉、听觉等器官受到严重损伤，一般能导致人体功能障碍长期存在的，或损失工作日等于和超过105日（小于6000日），劳动力有重大损失的失能伤害事故；

3）死亡事故：指事故发生后当即死亡（含急性中毒死亡）或负伤后在30天内死亡的事故。死亡的损失工作日为6000日。

（2）按事故类别分类

依据现行国家标准《企业职工伤亡事故分类标准》（GB 6441），按事故类别即按致害原因进行的分类共有20类，分别如下：

1）物体打击：指失控物体的惯性力造成的人身伤害事故。

2）车辆伤害：指本企业机动车辆引起的机械伤害事故。

3）机械伤害：指机械设备或工具引起的绞、碾、碰、割、戳、切等伤害，但不包括车辆、起重设备引起的伤害。

4）起重伤害：指从事各种起重作业时发生的机械伤害事故，但不包括上下驾驶室时发生的坠落伤害和起重设备引起的触电以及检修时制动失灵引起的伤害。

5）触电：由于电流流经人体导致的生理伤害。

6）淹溺：由于水大量经口、鼻进入肺内，导致呼吸道阻塞，发生急性缺氧而窒息死亡的事故。它适用于船舶、排筏、设施在航行、停泊、作业时发生的落水事故。

7）灼烫：指强酸、强碱溅到身体上引起的灼伤，或因火焰引起的烧伤，高温物体引起的烫伤，放射线引起的皮肤损伤等事故；不包括电烧伤及火灾事故引起的烧伤。

8）火灾：指造成人身伤亡的企业火灾事故。不适用于非企业原因造成的、属消防部门统计的火灾事故。

9）高处坠落：指由于危险重力势能差引起的伤害事故。适用于脚手架、平台、陡壁施工等场合发生的坠落事故，也适用于由地面踏空失足坠入洞、沟、升降口、漏斗等引起的伤害事故。

10）坍塌：指建筑物、构筑物、堆置物等倒塌以及土石塌方引起的事故。不适用于矿山冒顶片帮事故及因爆炸、爆破引起的坍塌事故。

11）冒顶片帮：指矿井工作面、巷道侧壁由于支护不当、压力过大造成的坍塌（片帮）以及顶板垮落（冒顶）事故。适用于从事矿山、地下开采、掘进及其他坑道作业时发生的坍塌事故。

12）透水：指从事矿山、地下开采或其他坑道作业时，意外水源带来的伤亡事故。不适用于地面水害事故。

13）放炮：指由于放炮作业引起的伤亡事故。

14）瓦斯爆炸：指可燃性气体瓦斯、煤尘与空气混合形成的达到燃烧极限的混合物接触火源时引起的化学性爆炸事故。

15）火药爆炸：指火药与炸药在生产、运输、贮藏过程中发生的爆炸事故。

16）锅炉爆炸：指锅炉发生的物理性爆炸事故。适用于使用工作压力大于 0.07MPa、以水为介质的蒸汽锅炉，但不适用于铁路机车、船舶上的锅炉以及列车电站和船舶电站的锅炉。

17）受压容器爆炸：指压力容器破裂引起的气体爆炸（物理性爆炸）以及容器内盛装的可燃性液化气在容器破裂后立即蒸发，与周围的空气混合形成爆炸性气体混合物遇到火源时产生的化学爆炸。

18）其他爆炸：可燃性气体煤气、乙炔等与空气混合形成的爆炸；可燃蒸汽与空气混合形成的爆炸性气体混合物引起的爆炸；可燃性粉尘以及可燃性纤维与空气混合形成的爆炸性气体混合物引起的爆炸；间接形成的可燃气体与空气相混合，或者可燃蒸汽与空气相混合遇火源而爆炸的事故；炉膛爆炸、钢水包、亚麻粉尘的爆炸等亦属"其他爆炸"。

19）中毒和窒息：指人接触有毒物质或呼吸有毒气体引起的人体急性中毒事故，或在通风不良的作业场所，由于缺氧有时会发生突然晕倒甚至窒息死亡的事故。

20) 其他伤害：指上述范围之外的伤害事故，如扭伤、跌伤、冻伤、野兽咬伤等等。

11.1.2 生产安全事故分级

根据《生产安全事故报告和调查处理条例》和住房与城乡建设部印发的《关于进一步规范房屋建筑和市政工程生产安全事故报告和调查处理工作的若干意见》，按照生产安全事故造成的人员伤亡或者直接经济损失情况，建筑施工安全事故分为特别重大事故、重大事故、较大事故和一般事故4个等级：

(1) 特别重大事故，是指造成30人以上死亡，或者100人以上重伤（包括急性工业中毒，下同），或者1亿元以上直接经济损失的事故；

(2) 重大事故，是指造成10人以上30人以下死亡，或者50人以上100人以下重伤，或者5000万元以上1亿元以下直接经济损失的事故；

(3) 较大事故，是指造成3人以上10人以下死亡，或者10人以上50人以下重伤，或者1000万元以上5000万元以下直接经济损失的事故；

(4) 一般事故，是指造成3人以下死亡，或者10人以下重伤，或者1000万元以下直接经济损失的事故。

11.1.3 建筑业多发事故类别

通过对近年来我国建筑业的事故统计资料分析，事故主要发生在高处坠落、物体打击、触电、机械伤害和坍塌这五个事故类别。其发生的部位和原因主要有：

（1）高处坠落。主要发生在以下作业地点：屋面、阳台、楼板等临边；预留洞口、电梯井口等洞口；脚手架、模板；塔式起重机、物料提升机等起重机械的安装、拆卸作业。

（2）物体打击。主要发生在同一垂直作业面的交叉作业中，上方失控坠落物体的打击。

（3）触电。事故发生的原因主要包括以下方面：对外电线路缺乏保护；未执行三级配电两级保护，未安装漏电保护器或失灵，未按规定进行接地或接零；机械、设备漏电；线缆破皮、老化；照明未使用安全电压等。

（4）机械伤害。主要发生在起重机械和钢筋加工、混凝土搅拌、木材加工等机械设备作业过程中，对操作者或相关人员造成的伤害。

（5）坍塌。主要是指施工基坑（槽）、边坡、基础桩壁坍塌，模板支撑系统失稳坍塌及施工现场临时建筑（包括施工围墙）、在建工程、物料坍塌，脚手架失稳坍塌等。坍塌事故一旦发生，极易造成群死群伤。

11.2 事故报告

11.2.1 事故报告时限

（1）施工单位报告的时限

事故发生后，事故现场有关人员应当立即向施工单位负责人报告；施工单位负责人接到报告后，应当于1小时内向事故发生地县级以上人民政府建设主管部门和有关部门报告。

情况紧急时，事故现场有关人员可以直接向事故发生地县级以上人民政府建设主管部门和有关部门报告。

实行施工总承包的建设工程,由总承包单位负责上报事故。

(2) 建设主管部门报告的时限

建设主管部门接到事故报告后,应当依照下列规定上报事故情况,并通知安全生产监督管理部门、公安机关、劳动保障行政主管部门、工会和人民检察院:

1) 较大事故、重大事故及特别重大事故逐级上报至国务院建设主管部门;

2) 一般事故逐级上报至省、自治区、直辖市人民政府建设主管部门;

3) 建设主管部门依照本条规定上报事故情况,应当同时报告本级人民政府。国务院建设主管部门接到重大事故和特别重大事故的报告后,应当立即报告国务院。

必要时,建设主管部门可以越级上报事故情况。

建设主管部门按照本规定逐级上报事故情况时,每级上报的时间不得超过2小时。

11.2.2 事故报告内容

建筑施工事故报告一般应当包括下列内容:

(1) 事故发生的时间、地点和工程项目、有关单位名称;

(2) 事故的简要经过;

(3) 事故已经造成或者可能造成的伤亡人数(包括下落不明的人数)和初步估计的直接经济损失;

(4) 事故的初步原因;

(5) 事故发生后采取的措施及事故控制情况;

(6) 事故报告单位或报告人员;

(7) 其他应当报告的情况。

事故报告应当及时、准确、完整,任何单位和个人对事故不得迟报、漏报、谎报或者瞒报。事故报告后出现新情况,以及事故发生之日起30日内伤亡人数发生变化的,应当及时补报。

11.2.3 事故现场应急处理

事故发生单位负责人接到事故报告后,应当立即启动事故响应应急预案,或者采取有效措施,组织抢救,防止事故扩大,减少人员伤亡和财产损失。同时,还应当妥善保护事故现场以及相关证据,任何单位和个人不得破坏事故现场、毁灭相关证据。因抢救人员、防止事故扩大以及疏通交通等原因,需要移动事故现场物件的,应当作出标志,绘制现场简图并做出书面记录,妥善保存现场重要痕迹、物证,有条件的可以拍照或录像。

11.3 事故调查处理

事故调查处理应当坚持实事求是、尊重科学的原则,及时、准确地查清事故经过、事故原因和事故损失,查明事故性质,认定事故责任,总结事故教训,提出整改措施,并对事故责任者依法追究责任。

11.3.1 事故调查

当前,生产安全事故由人民政府负责组织调查。按照有关人民政府的授权或委托,建设主管部门组织事故调查组对建筑施工生产安全事故进行调查。特别重大事故由国务院或者国务院授权有关部门组织事故调查组进行调查。重大事故、较大事故、一般事故分别由事故发生地省级、设区的市级人民政府、县级人民政府负责调查。

根据事故的具体情况，事故调查组由有关人民政府、安全生产监督管理部门、负有安全生产监督管理职责的有关部门、监察机关、公安机关以及工会派人组成，并应当邀请人民检察院派人参加。事故调查组负责核实事故项目基本情况、查明事故原因、认定事故性质、明确事故责任单位和责任人员、提出处理建议、提交事故调查报告。

11.3.2 事故原因分析

事故分析的目的主要是为了弄清事故情况，从思想、管理和技术等方面查明事故原因，分清事故责任，提出有效改进措施，从中吸取教训，防止类似事故重复发生。对一起事故的原因详细分析，通常有两个层次，即直接原因和间接原因。

(1) 事故的直接原因

根据《企业职工伤亡事故调查分析规则》规定，事故的直接原因是指机械、物质或环境的不安全状态和人的不安全行为。

机械、物质或环境的不安全状态具体包括防护、保险、信号等装置缺乏或有缺陷，设备、设施、工具、附件有缺陷，个人防护用品用具缺乏或有缺陷，生产（施工）场地环境不良等四个方面。人的不安全行为主要包括以下方面：

1）操作错误，忽视安全，忽视警告；

2）造成安全装置失效；

3）使用不安全设备；

4）手代替工具操作；

5）物体（指成品、半成品、材料、工具、切屑和生产用品等）存放不当；

6）冒险进入危险场所；

7) 攀、坐不安全位置（如平台护栏、汽车挡板、吊车吊钩）；

8) 在起吊物下作业、停留；

9) 机器运转时加油、修理、检查、调整、焊接、清扫等工作；

10) 有分散注意力行为；

11) 在必须使用个人防护用品用具的作业或场合中，忽视其使用；

12) 不安全装束；

13) 对易燃、易爆等危险物品处理错误等。

（2）事故的间接原因

1) 技术和设计上有缺陷。工业构件、建筑物、机械设备、仪器仪表、工艺过程、操作方法、维修检验等的设计，施工和材料使用存在问题；

2) 教育培训不够，未经培训，缺乏或不懂安全操作技术知识；

3) 劳动组织不合理；

4) 对现场工作缺乏检查或指导错误；

5) 没有安全操作规程或不健全；

6) 没有或不认真实施事故防范措施，对事故隐患整改不力等。

11.3.3 事故处理

负责事故调查的人民政府按照规定的时限对事故调查报告做出批复；有关机关应当按照人民政府的批复，依照法律、行政法规规定的权限和程序，对事故发生单位和有关人员进行行政处罚，对负有事故责任的国家工作人员进行处分。对负有事故责任人员涉嫌犯罪的,依法追究刑事责任。

11.4 事故报告调查处理法律责任

依照《生产安全事故报告和调查处理条例》的规定,在事故报告和调查处理中,事故发生单位有关人员有下列行为之一的,对主要负责人、直接负责的主管人员和其他直接责任人员处上一年年收入60%至100%的罚款;构成违反治安管理行为的,由公安机关依法给予治安管理处罚;构成犯罪的,依法追究刑事责任:

(1) 谎报或者瞒报事故的;

(2) 伪造或者故意破坏事故现场的;

(3) 转移、隐匿资金、财产,或者销毁有关证据、资料的;

(4) 拒绝接受调查或者拒绝提供有关情况和资料的;

(5) 在事故调查中作伪证或者指使他人作伪证的;

(6) 事故发生后逃匿的。

附录一

建筑施工特种作业人员管理规定

关于印发《建筑施工特种作业人员管理规定》的通知

建质〔2008〕75号

各省、自治区建设厅，直辖市建委，江苏省、山东省建管局，新疆生产建设兵团建设局：

现将《建筑施工特种作业人员管理规定》印发给你们，请结合本地区实际贯彻执行。

中华人民共和国住房和城乡建设部
二〇〇八年四月十八日

建筑施工特种作业人员管理规定

第一章 总　　则

第一条 为加强对建筑施工特种作业人员的管理，防止和减少生产安全事故，根据《安全生产许可证条例》、《建筑起重机械安全监督管理规定》等法规规章，制定本规定。

第二条 建筑施工特种作业人员的考核、发证、从业和监督管理，适用本规定。

本规定所称建筑施工特种作业人员是指在房屋建筑和市政工程施工活动中，从事可能对本人、他人及周围设备设施的安全造成重大危害作业的人员。

第三条 建筑施工特种作业包括：

（一）建筑电工；

（二）建筑架子工；

（三）建筑起重信号司索工；

（四）建筑起重机械司机；

（五）建筑起重机械安装拆卸工；

（六）高处作业吊篮安装拆卸工；

（七）经省级以上人民政府建设主管部门认定的其他特种作业。

第四条 建筑施工特种作业人员必须经建设主管部门考核合格，取得建筑施工特种作业人员操作资格证书（以下简称"资格证书"），方可上岗从事相应作业。

第五条 国务院建设主管部门负责全国建筑施工特种作业人员的监督管理工作。

省、自治区、直辖市人民政府建设主管部门负责本行政区域内建筑施工特种作业人员的监督管理工作。

第二章 考 核

第六条 建筑施工特种作业人员的考核发证工作，由省、自治区、直辖市人民政府建设主管部门或其委托的考核发证机构（以下简称"考核发证机关"）负责组织实施。

第七条 考核发证机关应当在办公场所公布建筑施工特种作业人员申请条件、申请程序、工作时限、收费依据和标准等事项。

考核发证机关应当在考核前在机关网站或新闻媒体上公布考核科目、考核地点、考核时间和监督电话等事项。

第八条 申请从事建筑施工特种作业的人员,应当具备下列基本条件:

(一)年满 18 周岁且符合相关工种规定的年龄要求;

(二)经医院体检合格且无妨碍从事相应特种作业的疾病和生理缺陷;

(三)初中及以上学历;

(四)符合相应特种作业需要的其他条件。

第九条 符合本规定第八条规定的人员应当向本人户籍所在地或者从业所在地考核发证机关提出申请,并提交相关证明材料。

第十条 考核发证机关应当自收到申请人提交的申请材料之日起 5 个工作日内依法作出受理或者不予受理决定。

对于受理的申请,考核发证机关应当及时向申请人核发准考证。

第十一条 建筑施工特种作业人员的考核内容应当包括安全技术理论和实际操作。

考核大纲由国务院建设主管部门制定。

第十二条 考核发证机关应当自考核结束之日起 10 个工作日内公布考核成绩。

第十三条 考核发证机关对于考核合格的,应当自考核结果公布之日起 10 个工作日内颁发资格证书;对于考核不合格的,应当通知申请人并说明理由。

第十四条 资格证书应当采用国务院建设主管部门规定的统一样式,由考核发证机关编号后签发。资格证书在全国通用。

资格证书样式见附件一,编号规则见附件二。

第三章 从　　业

第十五条 持有资格证书的人员，应当受聘于建筑施工企业或者建筑起重机械出租单位（以下简称用人单位），方可从事相应的特种作业。

第十六条 用人单位对于首次取得资格证书的人员，应当在其正式上岗前安排不少于 3 个月的实习操作。

第十七条 建筑施工特种作业人员应当严格按照安全技术标准、规范和规程进行作业，正确佩戴和使用安全防护用品，并按规定对作业工具和设备进行维护保养。

建筑施工特种作业人员应当参加年度安全教育培训或者继续教育，每年不得少于 24 小时。

第十八条 在施工中发生危及人身安全的紧急情况时，建筑施工特种作业人员有权立即停止作业或者撤离危险区域，并向施工现场专职安全生产管理人员和项目负责人报告。

第十九条 用人单位应当履行下列职责：

（一）与持有效资格证书的特种作业人员订立劳动合同；

（二）制定并落实本单位特种作业安全操作规程和有关安全管理制度；

（三）书面告知特种作业人员违章操作的危害；

（四）向特种作业人员提供齐全、合格的安全防护用品和安全的作业条件；

（五）按规定组织特种作业人员参加年度安全教育培训或者继续教育，培训时间不少于 24 小时；

（六）建立本单位特种作业人员管理档案；

（七）查处特种作业人员违章行为并记录在档；

（八）法律法规及有关规定明确的其他职责。

第二十条 任何单位和个人不得非法涂改、倒卖、出租、出借或者以其他形式转让资格证书。

第二十一条 建筑施工特种作业人员变动工作单位,任何单位和个人不得以任何理由非法扣押其资格证书。

第四章 延 期 复 核

第二十二条 资格证书有效期为两年。有效期满需要延期的,建筑施工特种作业人员应当于期满前3个月内向原考核发证机关申请办理延期复核手续。延期复核合格的,资格证书有效期延期2年。

第二十三条 建筑施工特种作业人员申请延期复核,应当提交下列材料:

(一)身份证(原件和复印件);

(二)体检合格证明;

(三)年度安全教育培训证明或者继续教育证明;

(四)用人单位出具的特种作业人员管理档案记录;

(五)考核发证机关规定提交的其他资料。

第二十四条 建筑施工特种作业人员在资格证书有效期内,有下列情形之一的,延期复核结果为不合格:

(一)超过相关工种规定年龄要求的;

(二)身体健康状况不再适应相应特种作业岗位的;

(三)对生产安全事故负有责任的;

(四)2年内违章操作记录达3次(含3次)以上的;

(五)未按规定参加年度安全教育培训或者继续教育的;

(六)考核发证机关规定的其他情形。

第二十五条 考核发证机关在收到建筑施工特种作业人员提交的延期复核资料后,应当根据以下情况分别作出处理:

（一）对于属于本规定第二十四条情形之一的，自收到延期复核资料之日起 5 个工作日内作出不予延期决定，并说明理由；

（二）对于提交资料齐全且无本规定第二十四条情形的，自受理之日起 10 个工作日内办理准予延期复核手续，并在证书上注明延期复核合格，并加盖延期复核专用章。

第二十六条　考核发证机关应当在资格证书有效期满前按本规定第二十五条作出决定；逾期未作出决定的，视为延期复核合格。

第五章　监　督　管　理

第二十七条　考核发证机关应当制定建筑施工特种作业人员考核发证管理制度，建立本地区建筑施工特种作业人员档案。

县级以上地方人民政府建设主管部门应当监督检查建筑施工特种作业人员从业活动，查处违章作业行为并记录在档。

第二十八条　考核发证机关应当在每年年底向国务院建设主管部门报送建筑施工特种作业人员考核发证和延期复核情况的年度统计信息资料。

第二十九条　有下列情形之一的，考核发证机关应当撤销资格证书：

（一）持证人弄虚作假骗取资格证书或者办理延期复核手续的；

（二）考核发证机关工作人员违法核发资格证书的；

（三）考核发证机关规定应当撤销资格证书的其他情形。

第三十条　有下列情形之一的，考核发证机关应当注销资格证书：

（一）依法不予延期的；

（二）持证人逾期未申请办理延期复核手续的；

（三）持证人死亡或者不具有完全民事行为能力的；

（四）考核发证机关规定应当注销的其他情形。

第六章 附　则

第三十一条 省、自治区、直辖市人民政府建设主管部门可结合本地区实际情况制定实施细则，并报国务院建设主管部门备案。

第三十二条 本办法自2008年6月1日起施行。

附件一

建筑施工特种作业操作资格证书样式

1. 封皮采用深绿色塑料封皮对开，尺寸为100mm×75mm，如附图1-1、图1-2所示。

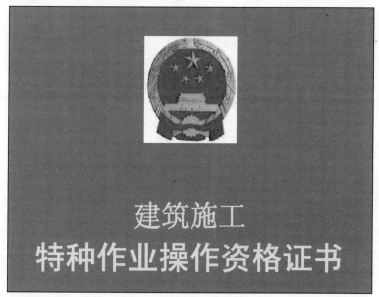

附图1-1　建筑施工特种作业操作资格证书（封皮正面）

中华人民共和国住房和城乡建设部监制

附图1-2 建筑施工特种作业操作资格证书（封皮背面）

2. 特种作业操作资格证书正本及副本均采用纸质，正本加盖钢印和发证机关章后塑封，尺寸为 90mm×60mm，如附图1-3、附图1-4所示。

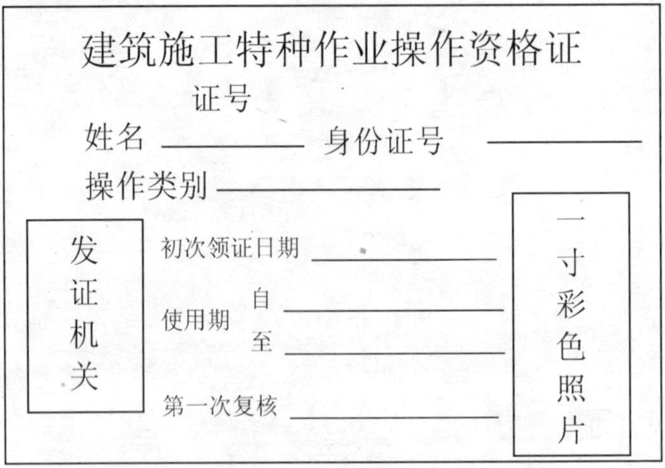

附图1-3 建筑施工特种作业操作资格证（正本）

```
┌─────────────────────────────────────────────┐
│     建筑施工特种作业操作资格证副证          │
│              证号                           │
│      姓名 _____  身份证号 _____      │
│      操作类别 _____             │
│      第一次复核记录：  │ 第二次复核记录：  │
│                        │                    │
│                        │                    │
│                        │                    │
│      发证机关（盖章）    发证机关（盖章）   │
└─────────────────────────────────────────────┘
```

附图1-4　建筑施工特种作业操作资格证（副本）

附件二

建筑施工特种作业操作资格证书编号规则

1. 建筑施工特种作业操作资格证书编号共十四位。其中：

（1）第一位为持证人所在省（市、自治区）简称，如山东省为"鲁"；

（2）第二位为持证人所在地设区市的英文代码，由各省自行确定；

（3）第三、四位为工种类别代码，用2个阿拉伯数字标注（工种类别代码表见表A）；

（4）第五至八位为发证年份，用4个阿拉伯数字标注；

（5）第八至十四位为证书序号，用6个阿拉伯数字标注，从000001开始。

2. 示例：鲁A012008000001

表示在山东济南的建筑电工，2008年取得证书，证书序列号为 000001。

3. 工种类别代码表 A

序　号	工　种　类　别	代　码
1	建筑电工	01
2	建筑架子工	02
3	建筑起重信号司索工	03
4	建筑起重机械司机	04
5	建筑起重机械安装拆卸工	05
6	高处作业吊篮安装拆卸工	06

附录二

关于建筑施工特种作业人员考核工作的实施意见

建办质〔2008〕41号

各省、自治区建设厅,直辖市建委,江苏省、山东省建管局,新疆生产建设兵团建设局:

为规范建筑施工特种作业人员考核管理工作,根据《建筑施工特种作业人员管理规定》(建质〔2008〕75号),制定以下实施意见:

一、考核目的

为提高建筑施工特种作业人员的素质,防止和减少建筑施工生产安全事故,通过安全技术理论知识和安全操作技能考核,确保取得《建筑施工特种作业操作资格证书》人员具备独立从事相应特种作业工作能力。

二、考核机关

省、自治区、直辖市人民政府建设主管部门或其委托的考核机构负责本行政区域内建筑施工特种作业人员的考核工作。

三、考核对象

在房屋建筑和市政工程(以下简称"建筑工程")施工现场从事建筑电工、建筑架子工、建筑起重信号司索工、建筑起重机械司机、建筑起重机械安装拆卸工、高处作业吊篮安装拆卸工以及经省级以上人民政府建设主管部门认定的其他特种作业的人员。

《建筑施工特种作业操作范围》见附件一。

四、考核条件

参加考核人员应当具备下列条件:

(一) 年满 18 周岁且符合相应特种作业规定的年龄要求;

(二) 近三个月内经二级乙等以上医院体检合格且无妨碍从事相应特种作业的疾病和生理缺陷;

(三) 初中及以上学历;

(四) 符合相应特种作业规定的其他条件。

五、考核内容

建筑施工特种作业人员考核内容应当包括安全技术理论和安全操作技能。《建筑施工特种作业人员安全技术考核大纲》(试行) 见附件二。

考核内容分掌握、熟悉、了解三类。其中掌握即要求能运用相关特种作业知识解决实际问题,熟悉即要求能较深理解相关特种作业安全技术知识,了解即要求具有相关特种作业的基本知识。

六、考核办法

(一) 安全技术理论考核,采用闭卷笔试方式。考核时间为 2 小时,实行百分制,60 分为合格。其中,安全生产基本知识占 25％、专业基础知识占 25％、专业技术理论占 50％。

(二) 安全操作技能考核,采用实际操作(或模拟操作)、口试等方式。考核实行百分制,70 分为合格。《建筑施工特种作业人员安全技能考核标准》(试行) 见附件三。

(三) 安全技术理论考核不合格的,不得参加安全操作技能考核。安全技术理论考试和实际操作技能考核均合格的,为考核合格。

七、其他事项

(一) 考核发证机关应当建立健全建筑施工特种作业人员考核、发证及档案管理计算机信息系统,加强考核场地和考核人员队伍建设，注重实际操作考核质量。

（二）首次取得《建筑施工特种作业操作资格证书》的人员实习操作不得少于三个月。实习操作期间，用人单位应当指定专人指导和监督作业。指导人员应当从取得相应特种作业资格证书并从事相关工作3年以上、无不良记录的熟练工中选择。实习操作期满，经用人单位考核合格，方可独立作业。

附件一　建筑施工特种作业操作范围
附件二　建筑施工特种作业人员安全技术考核大纲（试行）
附件三　建筑施工特种作业人员安全操作技能考核标准（试行）

中华人民共和国住房和城乡建设部办公厅
二〇〇八年七月十八日

附件一

建筑施工特种作业操作范围

一、建筑电工：在建筑工程施工现场从事临时用电作业；

二、建筑架子工（普通脚手架）：在建筑工程施工现场从事落地式脚手架、悬挑式脚手架、模板支架、外电防护架、卸料平台、洞口临边防护等登高架设、维护、拆除作业；

三、建筑架子工（附着升降脚手架）：在建筑工程施工现场从事附着式升降脚手架的安装、升降、维护和拆卸作业；

四、建筑起重司索信号工：在建筑工程施工现场从事对起吊物体进行绑扎、挂钩等司索作业和起重指挥作业；

五、建筑起重机械司机（塔式起重机）：在建筑工程施工现场从事固定式、轨道式和内爬升式塔式起重机的驾驶操作；

六、建筑起重机械司机（施工升降机）：在建筑工程施工现场从事施工升降机的驾驶操作；

七、建筑起重机械司机（物料提升机）：在建筑工程施工现场从事物料提升机的驾驶操作；

八、建筑起重机械安装拆卸工（塔式起重机）：在建筑工程施工现场从事固定式、轨道式和内爬升式塔式起重机的安装、附着、顶升和拆卸作业；

九、建筑起重机械安装拆卸工（施工升降机）：在建筑工程施工现场从事施工升降机的安装和拆卸作业；

十、建筑起重机械安装拆卸工（物料提升机）：在建筑工程施工现场从事物料提升机的安装和拆卸作业；

十一、高处作业吊篮安装拆卸工：在建筑工程施工现场从事高处作业吊篮的安装和拆卸作业。

附件二

建筑施工特种作业人员安全技术考核大纲

（试行）

1　建筑电工安全技术考核大纲

2　建筑架子工（普通脚手架）安全技术考核大纲

3　建筑架子工（附着升降脚手架）安全技术考核大纲

4　建筑起重司索信号工安全技术考核大纲

5　建筑起重机械司机（塔式起重机）安全技术考核大纲

6　建筑起重机械司机（施工升降机）安全技术考核大纲

7　建筑起重机械司机（物料提升机）安全技术考核大纲

8　建筑起重机械安装拆卸工（塔式起重机）安全技术考核大纲

9 建筑起重机械安装拆卸工（施工升降机）安全技术考核大纲

10 建筑起重机械安装拆卸工（物料提升机）安全技术考核大纲

11 高处作业吊篮安装拆卸工安全技术考核大纲

（具体内容略）

附件三

建筑施工特种作业人员安全操作技能考核标准

（试行）

1 建筑电工安全操作技能考核标准

2 建筑架子工（普通脚手架）安全操作技能考核标准

3 建筑架子工（附着升降脚手架）安全操作技能考核标准

4 建筑起重司索信号工安全操作技能考核标准

5 建筑起重机械司机（塔式起重机）安全操作技能考核标准

6 建筑起重机械司机（施工升降机）安全操作技能考核标准

7 建筑起重机械司机（物料提升机）安全操作技能考核标准

8 建筑起重机械安装拆卸工（塔式起重机）安全操作技能考核标准

9 建筑起重机械安装拆卸工（施工升降机）安全操作技能考核标准

10 建筑起重机械安装拆卸工（物料提升机）安全操作技能考核标准

11 高处作业吊篮安装拆卸工安全操作技能考核标准

（具体内容略）

附录三

施工现场常用安全标志

1 禁止标志,见附表3-1。

禁 止 标 志　　　　　　　附表3-1

序号	图形标志	名称	设置范围和地点
1		禁止吸烟	有甲、乙、丙类火灾危险物质的场所和禁止吸烟的公共场所等,如:木工车间、油漆车间、沥青车间、纺织厂、印刷厂等
2		禁止烟火	有甲、乙类、丙类火灾危险物质的场所,如:面粉厂、煤粉厂、焦化厂、施工工地等
3		禁止用水灭火	生产、储运、使用中有不准用水灭火的物质的场所,如:变压器室、乙炔站、化工药品库、各种油库等

续表

序号	图形标志	名称	设置范围和地点
4		禁止放置易燃物	具有明火设备或高温的作业场所，如：动火区，各种焊接、切割、锻造、浇注车间等场所
5		禁止启动	暂停使用的设备附近，如：设备检修、更换零件等
6		禁止合闸	设备或线路检修时，相应开关附近
7		禁止触摸	禁止触摸的设备或物体附近，如：裸露的带电体，炽热物体，具有毒性、腐蚀性物体等处

续表

序号	图形标志	名称	设置范围和地点
8		禁止跨越	禁止跨越的危险地段,如:专用的运输通道、带式输送机和其他作业流水线,作业现场的沟、坎、坑等
9		禁止攀登	不允许攀爬的危险地点,如:有坍塌危险的建筑物、构筑物、设备旁
10		禁止跳下	不允许跳下的危险地点,如:深沟、深池、车站站台及盛装过有毒物质、易产生窒息气体的槽车、贮罐、地窖等处

续表

序号	图形标志	名称	设置范围和地点
11		禁止入内	易造成事故或对人员有伤害的场所，如：高压设备室、各种污染源等入口处
12		禁止停留	对人员具有直接危害的场所，如：粉碎场地、危险路口、桥口等处
13		禁止通行	有危险的作业区，如：起重、爆破现场，道路施工工地等

续表

序号	图形标志	名称	设置范围和地点
14		禁止靠近	不允许靠近的危险区域，如：高压试验区、高压线、输变电设备的附近
15		禁止乘人	乘人易造成伤害的设施，如：室外运输吊篮、外操作载货电梯框架等
16		禁止堆放	消防器材存放处、消防通道及车间主通道等

续表

序号	图形标志	名称	设置范围和地点
17		禁止抛物	抛物易伤人的地点，如：高处作业现场、深沟（坑）等
18		禁止戴手套	戴手套易造成手部伤害的作业地点，如：旋转的机械加工设备附近
19		禁止穿带钉鞋	有静电火花会导致灾害或有触电危险的作业场所，如：有易燃易爆气体或粉尘的车间及带电作业场所

2 警告标志,见附表3-2。

警 告 标 志　　　　　附表3-2

序号	图形标志	名称	设置范围和地点
20		注意安全	易造成人员伤害的场所及设备等
21		当心火灾	易发生火灾的危险场所,如:可燃性物质的生产、储运、使用等地点
22		当心爆炸	易发生爆炸危险的场所,如易燃易爆物质的生产、储运、使用或受压容器等地点

续表

序号	图形标志	名称	设置范围和地点
23		当心中毒	剧毒品及有毒物质（GB 12268—2005 中第 6 类第 1 项所规定的物质）的生产、储运及使用场所
24		当心触电	有可能发生触电危险的电器设备和线路，如：配电室、开关等
25		当心电缆	在暴露的电缆或地面下有电缆处施工的地点

续表

序号	图形标志	名称	设置范围和地点
26		当心机械伤人	易发生机械卷入、轧压、碾压、剪切等机械伤害的作业地点
27		当心伤手	易造成手部伤害的作业地点，如：玻璃制品、木制加工、机械加工车间等
28		当心扎脚	易造成脚部伤害的作业地点，如：铸造车间、木工车间、施工工地及有尖角散料等处

续表

序号	图形标志	名称	设置范围和地点
29		当心吊物	有吊装设备作业的场所，如：施工工地、港口、码头、仓库、车间等
30		当心坠落	易发生坠落事故的作业地点，如：脚手架、高处平台、地面的深沟（池、槽）、建筑施工、高处作业场所等
31		当心落物	易发生落物危险的地点，如：高处作业、立体交叉作业的下方等

续表

序号	图形标志	名称	设置范围和地点
32		当心坑洞	具有坑洞易造成伤害的作业地点，如：构件的预留孔洞及各种深坑的上方等
33		当心烫伤	具有热源易造成伤害的作业地点，如：冶炼、锻造、铸造、热处理车间等
34		当心弧光	由于弧光造成眼部伤害的各种焊接作业场所

续表

序号	图形标志	名称	设置范围和地点
35		当心塌方	有塌方危险的地段、地区，如：堤坝及土方作业的深坑、深槽等
36		当心车辆	厂内车、人混合行走的路段，道路的拐角处，平交路口；车辆出入较多的厂房、车库等出入口处
37		当心滑倒	地面有易造成伤害的滑跌地点，如：地面有油、冰、水等物质及滑坡处
38		当心障碍物	地面有障碍物，绊倒易造成伤害的地点

3 指令标志,见附表 3-3。

指 令 标 志　　　　　附表 3-3

序号	图形标志	名称	设置范围和地点
39		必须戴防护眼镜	对眼睛有伤害的各种作业场所和施工场所
40		必须戴防毒面具	具有对人体有害的气体、气溶胶、烟尘等作业场所,如:有毒物散发的地点或处理由毒物造成的事故现场
41		必须戴防尘口罩	具有粉尘的作业场所,如:纺织清花车间、粉状物料拌料车间以及矿山凿岩处等

163

续表

序号	图形标志	名称	设置范围和地点
42		必须戴护耳器	噪声超过85dB的作业场所，如：铆接车间、织布车间、射击场、工程爆破、风动掘进等处
43		必须戴安全帽	头部易受外力伤害的作业场所，如：矿山、建筑工地、伐木场、造船厂及起重吊装处等
44		必须戴防护手套	易伤害手部的作业场所，如：具有腐蚀、污染、灼烫、冰冻及触电危险的作业等地点

续表

序号	图形标志	名称	设置范围和地点
45		必须穿防护鞋	易伤害脚部的作业场所，如：具有腐蚀、灼烫、触电、砸（刺）伤等危险的作业地点
46		必须系安全带	易发生坠落危险的作业场所，如：高处建筑、修理、安装等地点
47		必须穿防护服	具有放射、微波、高温及其他需穿防护服的作业场所

续表

序号	图形标志	名称	设置范围和地点
48		必须加锁	剧毒品、危险品库房等地点

4 提示标志,见附表3-4。

提示 标 志　　　　　　附表 3-4

序号	图形标志	名称	设置范围和地点
49		紧急出口	便于安全疏散的紧急出口处,与方向箭头结合设在通向紧急出口的通道、楼梯口等处
50			

续表

序号	图形标志	名称	设置范围和地点
51		可动火区	经有关部门划定的可使用明火的地点
52		避险处	铁路桥、公路桥、矿井及隧道内躲避危险的地点

尊敬的读者：

感谢您选购我社图书！建工版图书按图书销售分类在卖场上架，共设22个一级分类及43个二级分类，根据图书销售分类选购建筑类图书会节省您的大量时间。现将建工版图书销售分类及与我社联系方式介绍给您，欢迎随时与我们联系。

★建工版图书销售分类表（见下表）。

★欢迎登陆中国建筑工业出版社网站www.cabp.com.cn，本网站为您提供建工版图书信息查询、网上留言、购书服务，并邀请您加入网上读者俱乐部。

★中国建筑工业出版社总编室
　电　话：010—58934845
　传　真：010—68321361

★中国建筑工业出版社发行部
　电　话：010—58933865
　传　真：010—68325420
　E-mail：hbw@cabp.com.cn

建工版图书销售分类表

一级分类名称（代码）	二级分类名称（代码）	一级分类名称（代码）	二级分类名称（代码）
建筑学（A）	建筑历史与理论（A10）	园林景观（G）	园林史与园林景观理论（G10）
	建筑设计（A20）		园林景观规划与设计（G20）
	建筑技术（A30）		环境艺术设计（G30）
	建筑表现・建筑制图（A40）		园林景观施工（G40）
	建筑艺术（A50）		园林植物与应用（G50）
建筑设备・建筑材料（F）	暖通空调（F10）	城乡建设・市政工程・环境工程（B）	城镇与乡（村）建设（B10）
	建筑给水排水（F20）		道路桥梁工程（B20）
	建筑电气与建筑智能化技术（F30）		市政给水排水工程（B30）
	建筑节能・建筑防火（F40）		市政供热、供燃气工程（B40）
	建筑材料（F50）		环境工程（B50）
城市规划・城市设计（P）	城市史与城市规划理论（P10）	建筑结构与岩土工程（S）	建筑结构（S10）
	城市规划与城市设计（P20）		岩土工程（S20）
室内设计・装饰装修（D）	室内设计与表现（D10）	建筑施工・设备安装技术（C）	施工技术（C10）
	家具与装饰（D20）		设备安装技术（C20）
	装修材料与施工（D30）		工程质量与安全（C30）
建筑工程经济与管理（M）	施工管理（M10）	房地产开发管理（E）	房地产开发与经营（E10）
	工程管理（M20）		物业管理（E20）
	工程监理（M30）	辞典・连续出版物（Z）	辞典（Z10）
	工程经济与造价（M40）		连续出版物（Z20）
艺术・设计（K）	艺术（K10）	旅游・其他（Q）	旅游（Q10）
	工业设计（K20）		其他（Q20）
	平面设计（K30）	土木建筑计算机应用系列（J）	
执业资格考试用书（R）		法律法规与标准规范单行本（T）	
高校教材（V）		法律法规与标准规范汇编/大全（U）	
高职高专教材（X）		培训教材（Y）	
中职中专教材（W）		电子出版物（H）	

注：建工版图书销售分类已标注于图书封底。